设计师视角下建设工程全文强制性通用规范解读系列丛书

U0382681

《混凝土结构通用规范》
GB 55008-2021
应用解读及工程案例分析

魏利金　编著

中国建筑工业出版社

图书在版编目（CIP）数据

《混凝土结构通用规范》GB 55008-2021 应用解读及工
程案例分析 / 魏利金编著. — 北京：中国建筑工业出
版社，2023.4
（设计师视角下建设工程全文强制性通用规范解读系
列丛书）
ISBN 978-7-112-28289-0

Ⅰ.①混… Ⅱ.①魏… Ⅲ.①混凝土结构-设计规范
-中国-学习参考资料 Ⅳ.①TU37-65

中国版本图书馆 CIP 数据核字（2022）第 243979 号

为使广大建设工程技术人员能够更快、更准确地理解、掌握、应用和执行《混凝土结构通
用规范》条文实质内涵，作者以近 40 年的工程设计实践经验，结合典型工程案例，由设计视
角全面系统地解读《混凝土结构通用规范》全部条文。解读重点关注热点、疑点、细节问题，
给予诠释其内涵，观点犀利，析其理、明其意。全文强制性条文的解析文字表达具有逻辑严
谨、简练明确、可操作性强等特点，由于《混凝土结构通用规范》只作原则性规定而不述理
由，对于执行者和监管者来说可能只知其表，而未察其理。本书内容全面、翔实，具有较强的
可操作性，可供从事建设工程相关人员参考使用。

责任编辑：王砾瑶　范业庶
责任校对：李辰馨

设计师视角下建设工程全文强制性通用规范解读系列丛书
《混凝土结构通用规范》
GB 55008-2021
应用解读及工程案例分析
魏利金　编著
*
中国建筑工业出版社出版、发行（北京海淀三里河路 9 号）
各地新华书店、建筑书店经销
北京鸿文瀚海文化传媒有限公司制版
北京君升印刷有限公司印刷
*
开本：787 毫米×1092 毫米　1/16　印张：11　字数：271 千字
2023 年 3 月第一版　　2023 年 3 月第一次印刷
定价：**48.00** 元
ISBN 978-7-112-28289-0
（40683）

前　言

工程建设标准强制性全文是指直接涉及建设工程质量、安全、卫生及环境保护等方面的工程建设标准强制性条文。为建设工程实施安全防范措施、消除安全隐患提供统一的技术法规要求，以保证在现有的技术、管理条件下尽可能地保障建设工程质量安全，从而最大限度地保障建设工程的设计者、建造者、所有者、使用者和有关人员的人身安全、财产安全以及人体健康。工程建设强制性规范是社会现代运行的底线法规要求，全文都必须严格执行。

对于《混凝土结构通用规范》GB 55008-2021（以下简称"本规范"）条文的正确理解与应用，对促进建设工程活动健康有序高质量发展，保证建设工程安全底线要求，节约投资，提高投资效益、社会效益和环境效益都具有重要的意义。

本规范条文有两类：底线控制条文和原则性条文。底线控制条文有明确的数值控制界限，设计应用比较容易把控。但原则性条文没有明确的控制界限，作者认为这个具体界限应参考其他现行规范、标准等执行。

为进一步延伸阅读和深度理解本规范强制性条文的实质内涵，促进参与建设活动各方更好地掌握和正确、合理、理解工程建设强制性条文规定的实质内涵。笔者由设计师视角全面解读本规范全部条文，笔者以近40年的一线工程设计、审查、顾问咨询实践经验，紧密结合典型实际工程案例分析。把规范中的重点条文以及容易误解、容易产生歧义和出错的条文进行了整合、归纳和对比分析，给出典型参考案例分析。旨在帮助土木工程从业人员更好、更快地学习、应用和深度理解规范的条文，尽快提升自己的综合能力。

本书共分两篇，第一篇是综合概述，主要内容包含：本规范特别说明、现行混凝土结构设计规范存在的一些问题、如何正确理解本规范各条款、混凝土的寿命到底如何、本规范主要内容、编制本规范的基本原则、本规范废止的现行工程建设相关标准强制性条文、本规范废止的现行工程建设相关标准中的强制性条文去向问题、关于结构设计说明应该写出通用规范哪些要求的问题。第二篇是混凝土结构通用规范，主要内容包含：总则、基本规定、材料、设计、施工及验收、维护及拆除等混凝土结构全生命周期的相关内容。

解读内容涉及诸多法规、规范、标准，以概念设计思路及典型工程案例分析贯穿全文，解读通俗易懂、系统翔实、工程案例极具代表性，阐述观点独到而精辟，有助于相关人员全面、系统、正确理解本规范的实质内涵，更有助于尽快提高设计者综合处理问题的能力。

本书可供从事土木工程结构设计、审图、顾问咨询、科研人员阅读，也可供高等院校师生及相关工程技术人员参考使用。希望本书的出版发行能够使读者尽快全面正确理解《混凝土结构通用规范》条款，如有不妥之处，恳请读者提出批评指正。

目　录

第一篇　综合概述

1. 本规范特别说明

笔者已于 2022 年先后出版《〈工程结构通用规范〉GB 55001-2021 应用解读及工程案例分析》、《〈建筑与市政工程抗震通用规范〉GB 55002-2021 应用解读及工程案例分析》、《〈建筑与市政工程地基基础通用规范〉GB 55003-2021 应用解读及工程案例分析》三本著作，其中，上述著作的第一篇都分别介绍了关于通用规范编制背景及相关执行、监督等方面的内容，为了节约篇幅，在此不再赘述。

2. 现行混凝土结构设计规范存在的一些问题

现行混凝土规范用比较大的篇幅介绍了设计基本计算和构造要求，但对结构材料选择和施工、运维、拆除等相关要求涉及的内容较少。这是由我国过去规范、标准的编制原则造成的，我国结构的材料、设计和施工三大类标准向来各行其是，这在一定程度上造成设计人员对材料和施工缺乏了解。一些发达国家发布的混凝土规范，不仅有结构设计内容，还包含大量关于材料选择和施工要求的内容，其好处不言而喻。因为设计中采用的混凝土材料不像钢材和木材可以订货购置，而只能在施工时配置（包含预制构件），其最终质量往往不是设计能够完全保证的，更何况工程对混凝土材料还有许多特殊的性能要求。

基于此，本规范借鉴国外混凝土规范的经验，针对材料、设计、施工、检测、运维、拆除等建筑全生命周期的各个环节，改变我国以往规范彼此割裂、管理不善、执行困难的现状，应该说是一个很大的提升。

3. 如何正确理解本规范各条款

本规范是混凝土结构的通用规范，必须严格执行，但是规范条款涵盖了两层意思，分别是安全的"最低限度"和设计的"原则要求"。底线要求一般容易操作，而原则要求比较难以把控。我们也知道这些"原则要求"规范只能给出设计原则，而不能包罗万象地解决所有问题，笔者认为设计者应根据规范的原则进行创造性的脑力劳动，而不是机械地执行这些条款的字面意思，因为只有针对具体工程进行思考，才会做出合格的设计，才会有技术的进步，才会让建筑业有更好的发展。

4. 混凝土的寿命到底如何

混凝土本身的寿命几乎是无限的，但这是理想情况，和实际差得很远。

混凝土（一般结构用的是钢筋混凝土）是硅酸盐水泥，是石子骨料和钢筋骨架的混合

图 1-0-1　罗马混凝土构件

物。水泥水化形成晶格包裹骨料形成刚体，这种结构和天然的石料几乎一致，有着极强的抗压能力，但是受拉力能力很弱。钢筋混凝土中的钢筋骨架具有非常高的抗拉强度，能够和原有的混凝土共同分担拉、压荷载，具有很好的综合性能，因此常用于房屋及市政工程实际工程之中。

混凝土本身的寿命可以和天然的硅酸盐石料相比拟，众所周知，自然界中的山脉岩石的寿命都是以亿年来计的，混凝土本身在受到良好保护的情况下，例如博物馆中的标本或是古埃及沙漠金字塔内部的人造石，也可以达到这个级别，如图 1-0-1 所示为罗马混凝土构件。

但是，只要暴露在自然环境中，就要考虑环境中的风化，无论是树木扎根，生物生长，还是风、霜、雨、雪、洪水、岩浆，都会对混凝土造成显著的影响。我们也知道，自然界中的岩石会风化成泥沙，会被水流切割冲蚀，考虑到这些因素，混凝土的寿命就没有那么长了。在这种情况下，混凝土的寿命与环境因素有很大关系，当条件较差又缺乏维护时，单纯的混凝土在几十年内就会显著风化，如图 1-0-2 所示。

图 1-0-2　风化损坏的混凝土

对于钢筋混凝土，还必须关注钢筋的寿命。钢筋的抗拉能力是现代建筑中不可或缺的一环，但是钢筋也极容易在潮湿或腐蚀环境中被氧化腐蚀。混凝土内部初始时一般均为碱性环境，但受空气中二氧化碳的作用，混凝土的 pH 值会缓慢降低变为酸性。这个过程中会生成固体碳酸钙等物质，增加混凝土本身的强度，但是对钢筋的抗锈蚀能力极为不利。如果混凝土保护层不够厚及密实，那么在混凝土本身完好的情况下，钢筋被锈蚀失去抗拉能力，也会导致钢筋混凝土构件失效，房屋建筑及市政工程倒塌，其实这就是钢筋混凝土建筑的实际结构寿命。如图 1-0-3 所示为某工程钢筋锈蚀照片。

图 1-0-3　某工程钢筋锈蚀照片

而混凝土层的厚度取值是决定建筑本身的设计寿命的关键要素之一，这正是《混凝土结构设计规范》GB 50010-2010（2015 年版）规定的设计工作年限，如果按 100 年（这里仅指耐久年限）来考虑，混凝土保护层需要按设计工作年限 50 年的 1.4 倍考虑的原因。早期的摩天大楼、古迹等混凝土建筑普遍留了很大的结构余量和很厚的混凝土层，建造不惜工本，因而至今依然非常牢固，但现代个别工程因偷工减料几十年甚至十几年就发生了倒塌损坏。

5. 本规范主要内容

1）设计原则

设计原则包括结构的安全等级、设计工作年限、使用条件、荷载的确定、不同受力工况的选择、设计分项系数的确定等。从保证结构的安全而言，这部分内容带有根本的性质，因而十分重要。

2）材料强度

用以承载受力的结构，其抗力在很大程度上取决于材料的强度。材料强度有标准值和设计值两类，分别用于不同工况下结构抗力的计算。强度标准值具有 95% 保证率的概率意义；而强度设计值则是为了在承载力设计时保证可靠度，对标准值除以材料分项系数所得的数值。在设计和审核时，应特别注意设计文件中材料强度取值是否正确，因为近期有些规范修订时对材料强度数值作了一些调整，故必须加以核实。

【案例说明】《混凝土结构设计规范》GB 50010-2010 版与 2015 版就对 HRB500 级钢筋的抗压强度设计值进行了调整，由 410N/mm² 调整为 435N/mm²。

3）设计计算

所有设计规范的计算都是基于基本公式在不同结构形式、不同受力工况下的具体体现。作为强制性条文，这是结构安全的定量保证。在设计和审查时，应特别注意这些计算的前提条件。除计算程序的力学模型、计算假定和程序编制可能出错外，如果不深入了解计算公式的含义和背景，以及适用的条件和范围，生搬硬套地乱用，也可能出错。因此，设计计算应该作为实施和审查的重点。

4）构造措施

结构的安全往往并不完全取决于计算和验算，构造措施在保证安全和使用功能方面往往起到计算难以达到的重要作用。构造措施通常来自概念设计、试验研究、工程经验，甚至是事故的教训。在设计中，不应只重视计算而轻视构造问题。凡列举出有关构造措施的强制性条文，必须严格遵守。

5）特殊要求

土木工程结构体系多样，边界条件更为复杂，影响其安全的因素也很多。有时根据结构或构件的具体情况，往往还会提出一些特殊的要求。例如混凝土结构中的钢筋锚固问题；钢结构中的螺栓、焊缝；砌体中的圈梁、构造柱；木结构中的防腐、防火；围护结构中的密封问题等。由于涉及安全和基本功能，故也必须强制执行相关条文，设计和审核时也不能掉以轻心。

6. 编制本规范的基本原则

本规范的主要内容是关于混凝土结构工程全生命周期的通用性、基础性规定，分为总则、基本规定、材料、设计、施工及验收、维护和拆除共 6 章。为保证规范体系的完整性，研编组分 5 种情况处理现行规范中的相关条文。

1）把现行规范、规程的强条经甄别整理后纳入本通用规范。

如《建筑抗震设计规范》GB 50011-2010（以下简称《抗规》）、《混凝土结构设计规范》GB 50010-2010（以下简称《混凝土规》）第 6.3.3-3 条及第 6.3.2 条、第 11.3.6 条和《高层建筑混凝土结构技术规程》JGJ 3-2010（以下简称《高规》），仅取消"当梁端纵向钢筋配筋率大于 2%时，表中估计最小直接应增大 2mm"不作为强条。

2）把原规范中的部分强制性条文，不应用公式量化的条款调整为原则规定，不再给出具体计算公式。

如：混凝土结构的整体稳定和抗倾覆验算，《高规》第 5.4.4 条（强条）给出具体计算公式。但本规范第 4.3.5 条规定：混凝土结构应进行结构整体稳定分析计算和抗倾覆验算，并应满足工程需要的安全性要求。

上述条文只是原则要求，具体如何计算分析及控制，不再作为强制要求。

3）把原来条文表述为"应"或"宜"的非强制性条文，对保证工程安全具有重要作用，并且有把握进行定量规定的，将条文修改后纳入本规范。

如：对框架梁、柱最小截面宽度的要求，剪力墙最小厚度的要求等，原规范均是

"宜"，本次升级为"应"（强制性条文），详见本规范第4.4.4条。

再如：钢筋的锚固长度要求，《混凝土规》是非强制性条文，本次调整为强制性条文，详见本规范第4.4.5条。

4）原来条文表述为"可"，但不纳入本规范将导致体系残缺的，重新修改条文内涵或修改表述方式后纳入本规范。将条文的重点放在提原则性要求上，而不规定具体的实现方式。

5）原来条文表述为"可"，属于可有可无的条文，则省略。

比如，为保证体系完整性，规范设置了"地震作用"和"其他作用"等小节。为避免与另一本强制性标准《建筑与市政工程抗震通用规范》GB 55002-2021重复，规范着重在对地震作用的计算提要求，而不是作出具体的量化规定。

又如，规范在"设计"一章，除规定现行的"分项系数设计方法"之外，也在"其他设计方法"小节中纳入容许应力法和安全系数法的设计表达式，以保证体系的完整性，也便于与《建筑结构可靠性设计统一标准》GB 50068-2018一致。

总之，本次编制规范主要是避免交叉重复，甚至矛盾，对其进行整合，与国际标准协调。可以说，本次基本没有创新技术，但贯穿建设工程全生命周期"材料—设计—施工—检测—运维—拆除"，所以全产业链均应执行。

7. 本规范废止的现行工程建设相关标准强制性条文

1）《混凝土结构设计规范》GB 50010-2010（2015年版）第3.1.7、3.3.2、4.1.3、4.1.4、4.2.2、4.2.3、8.5.1、10.1.1、11.1.3、11.2.3、11.3.1、11.3.6、11.4.12、11.7.14条。

2）《钢筋混凝土筒仓设计标准》GB 50077-2017第3.1.7、5.1.1、5.4.3、6.1.1（1、3、4）、6.1.3、6.1.12、6.8.5、6.8.7条（款）。

3）《混凝土外加剂应用技术规范》GB 50119-2013第3.1.3、3.1.4、3.1.5、3.1.6、3.1.7条。

4）《混凝土质量控制标准》GB 50164-2011第6.1.2条。

5）《混凝土结构工程施工质量验收规范》GB 50204-2015第4.1.2、5.2.1、5.2.3、5.5.1、6.2.1、6.3.1、6.4.2、7.2.1、7.4.1条。

6）《混凝土电视塔结构设计规范》GB 50342-2003第4.1.4、5.2.2、6.2.1、6.2.2、8.1.2、8.1.3、8.1.4条。

7）《大体积混凝土施工标准》GB 50496-2018第4.2.2、5.3.1条。

8）《混凝土结构工程施工规范》GB 50666-2011第4.1.2、5.1.3、5.2.2、6.1.3、6.4.10、7.2.4（2）、7.2.10、7.6.3（1）、7.6.4、8.1.3条（款）。

9）《钢筋混凝土筒仓施工与质量验收规范》GB 50669-2011第3.0.4、3.0.5、5.2.1、5.4.3、5.4.8、5.5.1、5.6.2、8.0.3、11.2.2条。

10）《建筑与桥梁结构监测技术规范》GB 50982-2014第3.1.8条。

11）《装配式混凝土结构技术规程》JGJ 1-2014第6.1.3、11.1.4条。

12）《高层建筑混凝土结构技术规程》JGJ 3-2010第3.8.1、3.9.1、3.9.3、3.9.4、4.2.2、4.3.1、4.3.2、4.3.12、4.3.16、5.4.4、5.6.1、5.6.2、5.6.3、5.6.4、6.1.6、

6.3.2、6.4.3、7.2.17、8.1.5、8.2.1、9.2.3、9.3.7、10.1.2、10.2.7、10.2.10、10.2.19、10.3.3、10.4.4、10.5.2、10.5.6、11.1.4条。

13)《钢筋焊接及验收规程》JGJ 18-2012第3.0.6、4.1.3、5.1.7、5.1.8、6.0.1、7.0.4条。

14)《冷拔低碳钢丝应用技术规程》JGJ 19-2010第3.2.1条。

15)《钢筋混凝土薄壳结构设计规程》JGJ 22-2012第3.2.1条。

16)《普通混凝土用砂、石质量及检验方法标准》JGJ 52-2006第1.0.3、3.1.10条。

17)《普通混凝土配合比设计规程》JGJ 55-2011第6.2.5条。

18)《混凝土用水标准》JGJ 63-2006第3.1.7条。

19)《预应力筋用锚具、夹具和连接器应用技术规程》JGJ 85-2010第3.0.2条。

20)《无粘结预应力混凝土结构技术规程》JGJ 92-2016第3.1.1、3.2.1、6.3.7条。

21)《冷轧带肋钢筋混凝土结构技术规程》JGJ 95-2011第3.1.2、3.1.3条。

22)《钢筋机械连接通用技术规程》JGJ 107-2016第3.0.5条。

23)《钢筋焊接网混凝土结构技术规程》JGJ 114-2014第3.1.3、3.1.5条。

24)《冷轧扭钢筋混凝土构件技术规程》JGJ 115-2006第3.2.4、3.2.5、7.1.1、7.3.1、7.3.4、7.4.1、8.1.4、8.2.2条。

25)《建筑抗震加固技术规程》JGJ 116-2009第5.3.13、6.1.2、6.3.1、6.3.4、7.1.2、7.3.1、9.3.1、9.3.5条。

26)《混凝土结构后锚固技术规程》JGJ 145-2013第4.3.15条。

27)《混凝土异形柱结构技术规程》JGJ 149-2017第4.1.5、6.2.5、6.2.10、7.0.2条。

28)《清水混凝土应用技术规程》JGJ 169-2009第3.0.4、4.2.3条。

29)《海砂混凝土应用技术规范》JGJ 206-2010第3.0.1条。

30)《钢筋锚固板应用技术规程》JGJ 256-2011第3.2.3、6.0.7、6.0.8条。

31)《钢筋套筒灌浆连接应用技术规程》JGJ 355-2015第3.2.2、7.0.6条。

32)《人工碎卵石复合砂应用技术规程》JGJ 361-2014第8.1.2条。

33)《混凝土结构成型钢筋应用技术规程》JGJ 366-2015第4.1.6、4.2.3条。

34)《预应力混凝土结构设计规范》JGJ 369-2016第4.1.1、4.1.6条。

35)《轻钢轻混凝土结构技术规程》JGJ 383-2016第4.1.8条。

36)《缓粘结预应力混凝土结构技术规程》JGJ 387-2017第4.1.3条。

应该说，本规范是所有规范中涉及相关规范最多的一本规范，读者可以想象其编制难度。

8. 本规范废止的现行工程建设相关标准中的强制性条文去向问题

1)本规范主要是对原规范、标准的整合汇编，基本没有新的技术出现。

2)部分强制性条文不再作为强条出现，比如：

(1)《高规》第9.2.3条：框架-核心筒结构的周边柱间必须设置框架梁。

(2)《高规》第4.2.3-2条及《抗规》第5.1.1-3条：对质量和刚度分布明显不对称的结构，应计入双向地震作用下的扭转影响。

（3）《混凝土规》第 11.1.3 条、《抗规》第 6.1.2 条及《高规》第 3.9.3 条表第 3.9.3 条注 3：当框架-核心筒高度不超过 60m 时，其抗震等级应允许按框架-剪力墙结构采用。

（4）《抗规》第 6.3.3-3 条、《高规》第 6.3.2-4 条及《混凝土规》第 11.3.6-3 条：……当梁端纵向钢筋配筋率大于 2％时，表中估计最小直径应增大 2mm。

3）以上几条不再作为强条，笔者认为是有意而为，但以下几条呢？

（1）《高规》第 4.3.16 条：计算各振型地震影响系数所采用的结构自振周期应考虑非承重墙体的刚度影响予以折减。

（2）《高规》第 10.5.2 条：7 度（0.15g）和 8 度抗震设计时，连体结构的连体应考虑竖向地震的影响。

对以上两条笔者认为是各规范协调出现问题，不是不再作为强条出现。笔者认为这两条应该放在《建筑与市政工程抗震通用规范》GB 55002-2021 里更加合理。

9. 关于结构设计说明应该写出通用规范哪些要求的问题

1）由于通用规范对材料、施工、使用、维护、拆除等均提出各项要求，经常有人咨询，这些基本要求（特别是一些原则性要求）是否都需要写入结构设计总说明，如果都要写出来，恐怕也太多了吧。

笔者的观点是，由通用规范的编制原则来看，涉及材料、设计、施工、检测、运维、拆除等建筑全生命周期。既然是全生命周期的要求，理应各阶段相关人员共同关注，而不是都需要设计人员提出。当然，如果这个问题直接影响到结构设计安全问题，自然需要结构特别提出。同时，结构施工图设计说明的深度应满足《建设工程设计文件编制深度规定》2016 版的规定。

2）关于这个问题，本规范主编在公开场合给出的答复如下。

问题：本规范第 3 章讲的是材料，后面章节中涉及施工相关使用、维护的事项，特别是混凝土内容是否需要都写进结构设计说明？哪些内容要写进总说明？

答复：设计说明文件的深度应写什么，应该包括哪些图，总说明中应该写到什么程度，住房城乡建设部都有规定。另外，具体工程如有特殊要求，例如一些非常重要的材料要着重标注，就要在说明中提出要求，如某个项目严禁用海砂，就要写明，光引用标准不行。

通常情况下，也可以引用标准，对于一般混凝土结构设计，通用规范属于工程规范的一种，说明文件的规范列表中列上《混凝土结构通用规范》GB 55008-2021，是否就能达到设计说明文件的深度，需要各设计师自己判断。

第二篇 混凝土结构通用规范

为适应国际技术法规与技术标准通行规则，2016 年以来，住房城乡建设部陆续印发《深化工程建设标准化工作改革的意见》等文件，提出政府制定强制性标准、社会团体制定自愿采用性标准的长远目标，明确了逐步用全文强制性工程建设规范取代现行标准中分散的强制性条文的改革任务，逐步形成由法律、行政法规、部门规章中的技术规定与全文强制性工程建设规范构成的"技术法规"体系。

关于规范种类。强制性工程建设规范体系覆盖工程建设领域各类建设工程项目，分为工程项目类规范（简称"项目规范"）和通用技术类规范（简称"通用规范"）两种类型。"项目规范"以工程建设项目整体为对象，以项目规模、布局、功能、性能和关键技术措施五大要素为主要内容。"通用规范"以实现工程建设项目功能性能要求的各专业通用技术为对象，以勘察、设计、施工、维修、养护等通用技术为主要内容。在全文强制性工程建设规范体系中，项目规范为主干，通用规范是对各类项目共性的、通用的专业性关键技术措施的规定。

关于五大要素指标。强制性工程建设规范中，各项要素是保障城乡基础设施建设体系化和效率提升的基本规定，是支撑城乡建设高质量发展的基本要求。（1）项目的规模要求：主要规定了建设工程项目应具备完整的生产或服务能力，应与经济社会发展水平相适应。（2）项目的布局要求：主要规定了产业布局、建设工程项目选址、总体设计、总平面布局以及与规模协调的统筹性技术要求，应考虑供给力合理分布，提高相关设施建设的整体水平。（3）项目的功能要求：主要规定项目构成和用途，明确项目的基本组成单元，是项目发挥预期作用的保障。（4）项目的性能要求：主要规定建设工程项目建设水平或技术水平的高低程度，体现建设工程项目的适用性，明确项目质量、安全、节能、环保、宜居环境和可持续发展等方面应达到的基本水平。（5）关键技术措施要求：是实现建设项目功能、性能要求的基本技术规定，是落实城乡建设安全、绿色、韧性、智慧、宜居、公平、有效率等发展目标的基本保障。

关于规范实施。强制性工程建设规范具有强制约束力，是保障人民生命财产安全、人身健康、工程安全、生态环境安全、公众权益和公众利益，以及促进能源资源节约利用、满足经济社会管理等方面的控制性底线要求。工程建设项目的勘察、设计、施工、验收、维修、养护、拆除等建设活动全过程中必须严格执行，其中，对于既有建筑改造项目（指不改变现有使用功能），当条件不具备、执行现行规范确有困难时，应不低于原建造时的标准。与强制性工程建设规范配套的推荐性工程建设标准是经过实践检验的、保障达到强制性规范要求的成熟技术措施，一般情况下也有应当执行。在满足强制性工程建设规范规定的项目功能、性能要求和关键技术措施的前提下，可合理选用相关团体标准、企业标准，使项目功能、性能更加优化或达到更高水平。推荐性工程建设标准、团体标准、企业标准要与强制性工程建设规范协调配套，各项技术要求不得低于强制性工程建设规范的相关技术水平。

强制性工程建设规范实施后，现行相关工程建设国家标准、行业标准中的强制性条文同时废止。现行工程建设地方标准中的强制性条文应及时修订，且不得低于强制性工程建设规范的规定。现行工程建设标准（包括强制性标准和推荐性标准）中有关规定与强制性工程建设规范的规定不一致的，以强制性工程建设规范的规定为准。

第1章　总则

1.0.1　为保障混凝土结构工程质量、人民生命财产安全和人身健康，促进混凝土结构工程绿色高质量发展，制定本规范。

 延伸阅读与深度理解

1）本条规定了制定本规范的目的。

2）此条源于《中华人民共和国标准化法》第十条的规定，对保障人身健康和生命财产安全、国家安全、生态环境安全以及满足经济社会管理基本需要的技术要求，应当制定强制性国家标准。

3）混凝土结构是我国工程建设最常用的材料结构之一，保证其安全、适用、经济、绿色、低碳是至关重要的。

1.0.2　混凝土结构工程必须执行本规范。

 延伸阅读与深度理解

本规范是针对建设工程混凝土结构设计、施工、检测、运维等的底线要求，在混凝土结构全生命周期内具有法规强制效力，必须严格遵守。

1.0.3　工程建设所采用的技术方法和措施是否符合本规范要求，由相关责任主体判定。其中，创新性的技术方法和措施，应进行论证并符合本规范中有关性能的要求。

 延伸阅读与深度理解

1）工程建设强制性规范是以工程建设活动结果为导向的技术规定，突出了建设工程的规模、布局、功能、性能和关键技术措施。但是，规范中关键技术措施不能涵盖工程规划建设管理采用的全部技术方法和措施，仅仅是保障工程性能的"关键点"，很多关键技术措施具有"指令性"特点，即要求工程技术人员去"做什么"，规范要求的结果是要保障建设工程的性能。因此，能否达到规范中性能的要求，以及工程技术人员所采用的技术方法和措施是否按照规范的要求去执行，需要进行全面的判定，其中，重点是能否保证工程性能符合本规范的规定。

2）进行这种判定的主体应为工程建设的相关责任主体，这是我国现行法律法规的要求。《中华人民共和国建筑法》《建设工程质量管理条例》《建设工程抗震管理条例》《民用建筑节能条例》以及相关的法律法规，突出强调了工程监管、建设、规划、勘察、设计、施工、监理、检测、造价、咨询、运维等各方主体的法律责任，既规定了首要责任，也确定了主体责任。

【范例】2021年8月北京市住房和城乡建设委员会发布的《关于加强建设工程"四新"安全质量管理工作的通知》（京建发〔2021〕247号），明确"四新"即为工程建设强制性标准没有规定，又没有现行工程建设国家标准、行业标准和地方标准可依的材料、设备、工艺及技术。要求选用"四新"的过程中，应本着实事求是的态度，对社会负责、对使用单位负责、对使用人负责的精神，把握"安全耐久、易于施工、美观实用、经济环保"四个基本原则，对易造成结构安全隐患、达不到基本使用寿命、施工质量不易保障、施工及使用过程中造成不必要的污染、给使用方带来不合理的经济负担、难以满足使用功能、使用过程中不易维护、外观不满足基本要求八种问题实行"一票否决"。建设单位采用"四新"应用前，宜先期选取一项工程进行试点应用，在确定无生产、施工及使用问题后，逐步推广使用。在重点工程及保障性住房工程建设中，建设单位应协同设计单位、施工单位科学审慎选用"四新"技术，对于确需使用的，应明确选用缘由，并在工程建设过程中重点管控。

3）在工程建设过程中，执行强制性工程建设规范是各方主体落实责任的必要条件。底线的条件是，各方主体有义务对工程规划建设管理采用的技术方法和措施是否符合本规范规定进行判定。

4）近年来，我国地基基础行业发展迅速，包括施工方法和工艺、设计方法、检测方法、新材料的应用、预制构件等。为了支持创新，鼓励创新成果应用在建设工程中，当拟采用的新技术在工程建设强制性规范或推荐性标准中没有相关规定时，应当对拟采用的工程技术或措施进行论证，确保建设工程达到工程建设强制性规范规定的工程性能要求，以保证建设工程质量和安全，并应满足国家对建设工程环境保护、卫生健康、经济社会管理、能源资源节约与合理利用等相关基本要求。

第2章　基本规定

2.0.1　混凝土结构工程应确定其结构设计工作年限、结构安全等级、抗震设防类别、结构上的作用和作用组合；应进行结构承载能力极限状态、正常使用极限状态和耐久性设计，并应符合工程的功能和结构性能要求。

 延伸阅读与深度理解

1) 本条参考规范：《建筑结构荷载规范》GB 50009-2012 第 3.1.3 条（强制性条文），《公路钢筋混凝土及预应力混凝土桥涵设计规范》JTG 3362-2018 第 1.0.7 条（强制性条文），《铁路混凝土结构耐久性设计规范》TB 10005-2010 第 3.0.2 条（强制性条文），《水运工程设计通则》JTS 141-2011 第 2.1.8 条（强制性条文）和第 2.1.9 条（强制性条文）。

2) 本条根据混凝土结构工程特点及我国结构规范体系的基本原则，提出了混凝土结构工程设计中关于安全性、适用性、耐久性的基本要求，与国家现行有关标准、国际相关标准的水平相当。

3) 混凝土结构工程设计，首先应确定结构设计工作年限（即以前标准中的"设计使用年限"）、结构安全等级以及建筑工程的抗震设防类别和对应的抗震设防标准，以便合理确定结构设计目标及相应的技术措施。

4) 结构上的作用荷载包括永久荷载、可变重力荷载（如楼屋面活载等）、风荷载、地震作用、温度变化、海浪作用及混凝土收缩徐变、环境腐蚀作用等，应根据实际工程情况以及《工程结构通用规范》GB 55001-2021 等确定，不能遗漏任何荷载。同时，应根据工程实际情况，按照《工程结构通用规范》GB 55001-2021 规定的原则，选择合适的作用组合（当作用和作用效应呈线性关系时，可采用最不利效应组合），以保证分析得到结构的最不利作用效应。

5) 对于新建以及改建、扩建、加固混凝土结构工程，针对整体结构、结构构件，应进行结构承载力极限状态（包括可能的不同设计状况下的承载力极限状态）、正常使用（如变形、裂缝等）极限状态及耐久性设计，其结果应符合建筑工程的功能和结构性能要求，包括承载力、变形（构件挠度、结构侧向位移等）、裂缝、耐久性等的基本要求。

6) 近年来，混凝土结构工程施工过程发生了不少安全事故。对混凝土结构，尤其是预应力混凝土结构以及大型、复杂钢筋混凝土结构，保证施工阶段的结构安全十分重要。因此，混凝土结构应按短暂设计状况进行施工阶段不同结构状态的承载力极限状态设计，包括承载力、稳固性等计算及技术措施，必要时，还需要进行结构变形、裂缝等验算。

7) 对于预应力混凝土结构，考虑到其施工过程的多样性、复杂性等特点，需要有针对性地考虑施工阶段形成的结构和作用在其上的荷载，包括预应力荷载；应根据形成的结构、施加的预应力等实际工况进行作用效应分析，并进行承载力计算和抗裂验算，以确保施工阶段结构的安全性。

8）近些年，混凝土结构工程的耐久性日益受到社会各界的关注和重视，耐久性的劣化不仅会影响结构的承载力和正常使用，且影响建筑的寿命，影响高质量发展，对实现"双碳"目标也极为不利。目前规范体系中，混凝土耐久性设计基本要求，体现在结构承载力极限状态和正常使用极限状态设计的相关规定中，这里特别提出"耐久性设计"要求，其实就是为了进一步引起工程界的重视。

2.0.2 结构混凝土强度等级的选用应满足工程结构的承载力、刚度及耐久性需求。对设计工作年限为50年的混凝土结构，结构混凝土的强度等级尚应符合下列规定；对设计工作年限大于50年的混凝土结构，结构混凝土的最低强度等级应比下列规定提高。

1 素混凝土结构构件的混凝土强度等级不应低于C20；钢筋混凝土结构构件的混凝土强度等级不应低于C25；预应力混凝土楼板结构的混凝土强度等级不应低于C30，其他预应力混凝土结构构件的混凝土强度等级不应低于C40；钢-混凝土组合结构构件的混凝土强度等级不应低于C30。

2 承受重复荷载作用的钢筋混凝土结构构件，混凝土强度等级不应低于C30。

3 抗震等级不低于二级的钢筋混凝土结构构件，混凝土强度等级不应低于C30。

4 采用500MPa及以上等级钢筋的钢筋混凝土结构构件，混凝土强度等级不应低于C30。

 延伸阅读与深度理解

1）本条由《抗规》GB 50011-2010（2015版）第3.9.2条（强条）扩充而来。对钢筋混凝土结构的材料强度等级要求，是材料强度的最低要求，属于规范的底线控制要求，不满足时应按工程质量事故对待。

2）我国建筑工程实际应用的混凝土强度和钢筋强度均低于发达国家，结构的安全度总体比国际发达国家水平低。但材料耗量并不少，其原因在于国际发达国家较高的安全度依靠较高强度的材料实现。

3）混凝土结构的混凝土强度等级选用，应考虑工程结构特点，首先应满足结构的承载力、刚度和耐久性需求，由设计计算确定；其次要满足本条规定的最低强度等级要求，以保证工程混凝土与钢筋强度的匹配及耐久性。

4）为了节材降耗提高材料的利用效率，利于高质量发展需要，工程中应用的混凝土强度等级宜适当提高。因此，本次将素混凝土最低强度等级由原来的C15提高到了C20；各种钢筋混凝土强度等级也普遍稍有提高。

5）混凝土垫层到底可否采用C15？

可能开始很多设计人员会认为不可以，其实完全可以，笔者解读如下：

（1）本规范明确素混凝土结构的混凝土等级不应低于C20。

说明：素混凝土结构是指无筋或不配置受力钢筋的混凝土结构。

（2）垫层的作用：垫层是钢筋混凝土基础与地基土的中间，作用是使其表面平整便于在上面绑扎钢筋，也起到保护基础的作用，因此不属于素混凝土结构。

（3）为了验证笔者的观点，2021年春节期间笔者与规范主编进行了交流。

笔者问题：新修订规范取消C15混凝土，个人认为这仅是指素混凝土构件今后不能采用C15，其他如垫层、回填等C15混凝土还是允许的。

规范主编答复：对于取消C15，您的理解完全正确，现在要求素混凝土强度等级从C20起步，钢筋混凝土强度等级不应低于C25。垫层与回填是不属于结构混凝土的。

（4）2022年2月，看到本次规范说明也明确了：本条所说的素混凝土结构，一般不包含地下室或其他地下结构的素混凝土垫层；素混凝土垫层的最低混凝土强度等级应根据工程实际情况（包括地基的岩土力学性能等）确定。

6）混凝土强度的优化选择：

（1）强度等级：混凝土作为结构中受压的材料，当然一般都认为高强度等级的混凝土比较好。但混凝土的抗拉强度相对很低（图2-2-1），还存在收缩裂缝问题，因此也并非是越高越好。

（2）变形性能：混凝土是脆性材料，高强混凝土还存在突然压溃的危险。因此，混凝土强度等级并非越高越好，而是根据具体情况，考虑其综合力学性能而确定。

（3）经济合理性：混凝土的性能价格比反映了其经济性。其中，最主要的指标是强度价格比，即单位体积（m^3）和强度（N/mm^2）的价格（元）。

图2-2-2所示为近年北京地区混凝土的强度价格比（m^3，MPa/元）。可以看出，随着强度等级的递增，强度价格比逐渐提高，因此，高强混凝土有较好的经济效益，应该逐渐淘汰低强度混凝土。但要特别注意，C60及以上的高强混凝土强度价格比反而迅速降低，这是由于C60及以上高强混凝土对原材料的要求太苛刻，生产工艺比较复杂，制作成本太高的缘故。

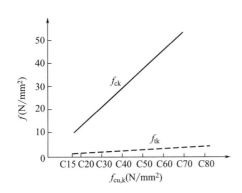

图2-2-1　混凝土的抗压强度与抗拉强度

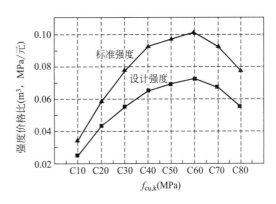

图2-2-2　混凝土的强度价格比

2.0.3　混凝土结构用普通钢筋、预应力筋应具有符合工程结构在承载力极限状态和正常使用极限状态下需求的强度和延伸率。

　延伸阅读与深度理解

1）本条规定了混凝土结构中普通钢筋、预应力筋的强度及延性性能要求，其水平与

国家现行标准、国际标准相当。

2）混凝土结构的配筋材料包括三大类：

（1）传统配筋，如普通热轧带肋钢筋（HRB400/HRB500/HRB600）、光圆钢筋（HPB300），以及预应力筋等。

（2）型钢和钢筋混合配筋，也属于传统配筋，称之为型钢混凝土构件。

（3）非传统配筋，如纤维棒材、网片等作为配筋材料，称之为纤维配筋混凝土结构（构件）。

3）目前国内广泛应用的钢筋混凝土结构和预应力混凝土结构，一般是指传统配筋混凝土结构（即满足最小配筋率的混凝土结构）。

4）无论是何种配筋材料，都应具有适应工程结构承载力和变形需求的强度和变形性能指标，还需要有规定的工艺性能，如钢筋的冷弯性能、焊接性能等。

5）钢筋混凝土结构、预应力混凝土结构在荷载和所处环境作用下，均会产生结构变形。根据不同工程的受力性能、破坏特征、破坏后果，对普通钢筋、预应力筋的伸长率（变形能力）均有不同的需求，这是保证混凝土结构在极限状态下结构整体稳定性、稳固性、安全性的基本要求。

6）欧洲规范对于一般延性混凝土构件，普通钢筋的伸长率要求不小于7.5％。我国现行标准对于热轧带肋钢筋、冷加工钢筋、预应力钢筋的最大力总延伸率都有相应规定；且对于抗震延性要求较高的构件（如抗震等级为一、二、三级的框架梁、柱、斜撑的纵向钢筋等），提出了最大力总延伸率不小于9％的更高要求。

7）依据我国现行钢筋产品标准，将最大力总延伸率作为控制钢筋延性的指标。见《钢筋混凝土用钢　第1部分：热轧光圆钢筋》GB/T 1499.1-2017，《钢筋混凝土用钢　第2部分：热轧带肋钢筋》GB/T 1499.2-2018。

2.0.4　混凝土结构用普通钢筋、预应力筋及结构混凝土的强度标准值应具有不小于95％的保证率；其强度设计值取值应符合下列规定：

1　结构混凝土强度设计值应按其强度标准值除以材料分项系数确定，且材料分项系数取值不应小于1.4；

2　普通钢筋、预应力筋的强度设计值应按其强度标准值分别除以普通钢筋、预应力筋材料分项系数确定，普通钢筋、预应力筋的材料分项系数应根据工程结构的可靠性要求综合考虑钢筋的力学性能、工艺性能、表面性状等因素确定；

3　普通钢筋材料分项系数取值不应小于1.1，预应力筋材料分项系数取值不应小于1.2。

 延伸阅读与深度理解

1）本条规定了混凝土结构中普通钢筋、预应力筋、结构混凝土的强度标准值、设计值取值要求，取值标准与国家现行标准及国际标准水平相当。注意，本规范仅给出混凝土及钢筋材料分项系数，并没有给出强度标准值及设计值，这有别于《混凝土规》。

2）目前，我国混凝土强度等级由混凝土立方体标准试块在标准条件下的抗压强度标准值确定，具有95%的保证率，是本规范混凝土各种力学性能指标的基本代表值，混凝土的轴心抗压、抗拉强度标准值等均由立方体抗压强度标准值计算确定。

（1）混凝土结构的安全很大程度上取决于混凝土的强度。混凝土强度与其原材料及施工条件有关。施工验收规范通过一定的评定验收方法，保证其立方体抗压强度具有95%的保证率，并以此分等定级。实际设计时，主要用到混凝土的轴心抗压强度和轴心抗拉强度的标准值及设计值，其与确定强度等级的立方体抗压强度还有些差别。

综合考虑各种因素，轴心抗压强度标准值 f_{ck} 与立方体抗压强度标准值 $f_{cu,k}$ 之间有如下折算关系：

$$f_{ck}=0.88\alpha_{c1}\alpha_{c2}f_{cu,k}$$

式中，0.88为试件混凝土强度与实际结构混凝土强度差别引起的修正系数；α_{c1} 为棱柱强度与立方强度之比值。对C50及以下普通混凝土取0.76，对高强混凝土C80取0.82，中间按线性插值；α_{c2} 为C40以上混凝土的脆性折减系数。对C40混凝土取1.0，对高强混凝土C80取0.87，中间按线性插值。

对于轴心抗拉强度标准值 f_{tk}，折算关系如下：

$$f_{tk}=0.88\times0.395f_{cu,k}^{0.55}(1-1.645\delta)^{0.45}\alpha_{c2}$$

式中，系数0.395及指数0.55是抗拉强度与立方强度之间的折算关系，是经统计分析后确定的；δ 为立方体抗压强度统计的离散系数，括号项反映了离散程度的影响。

（2）混凝土轴心抗压强度标准值 f_{ck} 及轴心抗拉强度标准值 f_{tk} 一般用于正常使用极限状态的验算。当进行承载能力极限状态计算时，混凝土的强度设计值应有更高的可靠度，故应将其标准值再除以材料分项系数 γ_c。混凝土的材料分项系数取1.40。具体如下：

$$f_c=f_{ck}/\gamma_c$$
$$f_t=f_{tk}/\gamma_c$$

在强制性条文中，列表给出了不同强度等级混凝土的强度标准值和强度设计值，应严格选择应用，避免出错。

（3）关于混凝土强度等级的有关问题。

①《混凝土规》GB 50010-2010（2015版）将混凝土按强度等级分为C15～C80共14个等级。强度等级与抗压强度的对应关系如下：强度等级×0.67=抗压强度标准值，f_{ck}/材料分项系数=抗压强度设计值 f_c（N/mm²）。

以C30为例：抗压强度标准值 $f_{ck}=30\times0.67=20.1$N/mm²，抗压强度设计值 $f_c=20.1/1.4=14.3$N/mm²（1.4为混凝土材料分项系数）。

说明：0.67是指混凝土棱柱强度/立方强度=0.76×（再考虑到结构中混凝土强度与试件混凝土之间的差异）×0.88的修正系数，即0.76×0.88=0.67。

②混凝土强度的试验：混凝土是一种复合材料，内部组织成分非常复杂。混凝土强度（主要指抗压强度）通常是用来作为评价混凝土质量的一个重要技术指标。我国规范采用的混凝土强度等级，以字母并以其立方体抗压强度标准值（N/mm²）表示。

③立方体抗压强度标准是指按照标准方法制作养护的边长为150mm的立方体试件，在标准条件下（20±3℃），用标准试验方法（加载速度0.15～0.3N/mm²/s），两端不涂润滑剂，在28d龄期用标准试验方法测定的具有95%保证率的抗压强度。

④ 我国试验实测资料统计分析结果表明，不同尺寸立方体试块实测强度值应乘以下列强度换算系数（表 2-2-1），才能转换成标准立方体强度：

$$f_{cu}^{150} = \mu f_{cu}^{100}$$

强度换算系数   表 2-2-1

立方体试块尺寸(mm)	强度换算系数 μ
150×150×150	1.0
100×100×100	0.95
200×200×200	1.05

⑤ 美国、日本等都采用直径 6 英寸（约 150mm）和高度 12 英寸（约 300mm）的圆柱体作为标准试块，不同直径的圆柱体的强度值也不相同，可按表 2-2-2 换算。

美国、日本试块强度换算系数   表 2-2-2

圆柱体试块尺寸(mm)	强度换算系数 μ
ϕ150×300	1.0
ϕ100×200	0.97
ϕ250×500	1.05

注：加拿大、蒙古国是 ϕ100×200 试块。

（4）混凝土浇筑后多少时间初、终凝？怎么判断？

常温下混凝土初凝时间为 6~8h，手轻按混凝土表面，不粘手，混凝土表面收水，有一层发亮的薄膜时为初凝；当混凝土表面颜色变白，手按无印，即为终凝，终凝时间为 8~10h。夏季、冬季视气温不同，初、终凝时间会缩短或延长。

① 何谓早强混凝土？

普通混凝土常温下 7d 约达到设计强度的 70%，28d 达到设计强度的 100%，由于施工进度或模板周转的需要，采取措施使混凝土在常温下 15d 左右达到设计强度，即为早强混凝土。

② 在正常施工养护条件下，混凝土强度与时间的对应关系如图 2-2-3 所示。

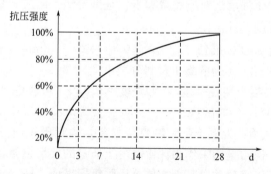

图 2-2-3 混凝土强度与时间曲线的对应关系

注意：有的资料介绍，一般混凝土抗压强度一年后强度可以比 28d 至少提高 30%。

③ 何谓超早强混凝土？怎样配制超早强混凝土？

常温下，能使混凝土 7d 左右达到设计强度的混凝土，称为超早强混凝土。一般可采用超早强型泵送剂配制，也可用提高两个混凝土强度等级方法或采用 P·O42.5R 水泥来配制。

（5）混凝土静载作用下的基本特性：

① 混凝土的单轴静压应力-应变曲线如图 2-2-4 所示，曲线的大部分范围是非线性的。

② 混凝土是脆性材料，在构件中通常都在常用钢筋的屈服应变值（0.002）附近达到最大强度，然后强度随变形的发展迅速下降。一般混凝土的最大应变值为强度极限时的应变的 2 倍。

③ 应力-应变曲线的初始斜率随混凝土抗压强度的提高而增加。

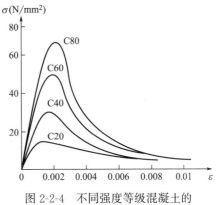

图 2-2-4　不同强度等级混凝土的应力-应变关系

④ 混凝土在二向或三向受力状态下，其抗压强度将大大提高。因此，约束混凝土（如钢管混凝土、钢包混凝土等）具有更高的抗力。

（6）混凝土结构用普通钢筋、预应力筋的强度标准值按现行国家标准《钢筋混凝土用钢　第 1 部分：热轧光圆钢筋》GB/T 1499.1-2017、《钢筋混凝土用钢　第 2 部分：热轧带肋钢筋》GB/T 1499.2-2018、《预应力混凝土用中强度钢丝》GB/T 30828、《预应力混凝土用螺纹钢筋》GB/T 20065、《预应力混凝土用钢丝》GB/T 5223、《预应力混凝土用钢绞线》GB/T 5224 等的规定采用，其强度标准值应具有不小于 95％的保证率。

① 普通钢筋一般采用屈服强度标志，屈服强度标准值 f_{yk} 相当于钢筋标准中的下屈服强度特征值 R_{el}，如图 2-2-5（a）所示。

热轧钢筋是软钢，其受力到一定阶段以后，应变增长而应力停滞，呈明显的屈服台阶，相应的强度为屈服强度。屈服强度往往作为热轧钢筋强度等级的标志。

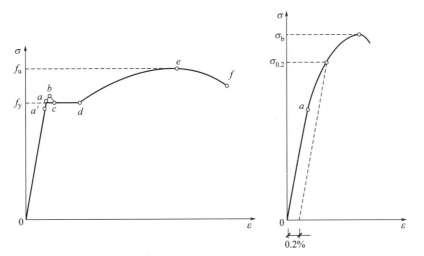

(a) 有屈服点的钢筋应力应变曲线　　　　(b) 无明显屈服点钢筋的应力应变曲线

图 2-2-5　钢筋应力应变曲线

② 预应力筋没有明显的屈服台阶，故称为硬钢。一般采用极限强度标志，钢筋极限强度标准值相当于钢筋标准值中的钢筋抗拉强度。如图 2-2-5 (b) 所示，在钢筋标准中一般取 0.2％残余应变所对应的应力作为其条件屈服强度，即本规范预应力筋的屈服强度标准值。

(7) 混凝土结构用钢筋的强度设计值由钢筋屈服强度标准值除以钢筋材料分项系数 γ_s 确定。如 HPB300，$f_y = 300/1.1 = 272$ （N/mm²），实际取 270N/mm²；如 HRB400，$f_y = 400/1.1 = 363$ （N/mm²），实际取 360N/mm²；如 HRB500，$f_y = 500/1.15 = 434$ （N/mm²），实际取 430N/mm²。

① 对于普通钢筋，其材料分项系数取值应根据工程结构的可靠性要求、构件的受力及破坏特点，综合考虑钢筋力学性能、加工性能、表面性状等因素确定。

② 特别提醒：以前不同行业，普通钢筋的材料分项系数取值有所不同，对建筑行业普通热轧 300MPa 钢筋、400MPa 钢筋的材料分项系数为 1.1，公路桥涵为 1.2，铁路桥梁为 1.25，而实际上该强度等级的普通热轧钢筋的质量比较稳定，其材料分项系数为 1.1 是合理的，公路桥涵与铁路桥梁应在荷载分项系数中或结构重要性系数中考虑其重要性。

③ 对于 500MPa 高强钢筋，国内该强度等级的高强钢筋应用量还不是很大，对该材料强度的统计数据还有待进一步完善，同时也考虑压弯构件、受弯构件在钢筋所在位置混凝土压应变限值对钢筋抗压强度发挥的影响，适当留有材料的安全储备，其材料分项系数取为 1.15。

④ 对于 600MPa 高强钢筋，尽管目前《钢筋混凝土用钢　第 2 部分：热轧带肋钢筋》GB/T 1499.2-2018 给出了材料相关标准，但目前由于没有给出材料分项系数取值，很难用于工程设计。

⑤ 由于预应力筋延性稍差，其材料分项系数取值不小于 1.2。

(8) 钢筋的极限强度。

钢筋能够承受最大拉力相应的强度为极限强度，达到极限强度以后钢筋拉断而导致传力终止。极限强度决定了钢筋的断裂，往往引发构件解体和结构倒塌。在设计中，钢筋的极限强度用于结构的防连续倒塌设计，决定了结构的防灾性能。

(9) 关于本规范没有采纳《混凝土规》第 4.2.3 条的问题，请看规范编制的解读。

问题：《混凝土规》第 4.2.3 条要求，箍筋用于受剪、受扭、受冲切，当强度大于 360N/mm² 时取 360N/mm²；本规范未提到此条。请问是否取消此限制？是否是给推广 CRB600H 等高强钢筋作铺垫？

答复：本规范第 2.0.4 条关于钢筋强度取值作了规定，钢筋强度标准值有不小于 95％的保证率要求，而设计值是标准值除以材料分项系数确定，但没有对受力性能的具体规定，而分项系数取值实际上与钢筋的性能、工程可靠度等有关。这些是间接规定，只是没有直接说明是否受剪、受扭、受冲切的钢筋强度要求。

《混凝土规》第 4.2.3 条是强制性条文，本规范执行以后，原来条文的强制性取消了，从表面上看是可以不执行，但实际上对受剪、受扭、受冲切的钢筋强度要求是世界上主要标准都有规定的，对强度都有限制。如受剪柱子的箍筋，在承受水平地震作用时，如果设计强度取得高，但在破坏状态下达不到设计强度，却因强度取值过高配置了更少的钢筋；

如果设计强度取得低，就意味着需要配置更多的钢筋。在某种受力状态下，在规定的破坏模式下，需要衡量钢筋强度是否达到设计值。目前有一些研究表明，在一定的条件、一定的破坏状态下，受剪箍筋的强度可以超过 360MPa，但现阶段不能列入通用规范条文，还需要继续研究。

尽管本规范没有列"箍筋用于受剪、受扭、受冲切，当强度大于 360MPa 时取 360MPa"这条，但还是要暂且按《混凝土规》规定区分受力形态、受力状态、受力的需求来决定钢筋设计强度取值。例如，箍筋如果不是来做承载力计算的，不是受剪计算的，仅仅是约束混凝土作用，那么其钢筋强度可以提高，不应该受 360MPa 的限制。

2.0.5　混凝土结构应根据结构的用途、结构暴露的环境和结构设计工作年限采取保障混凝土结构耐久性能的措施。

 延伸阅读与深度理解

应该注意的是：本规范规定的是结构的"暴露"环境类别，即混凝土表面直接接触的外界环境条件。如果已经采取了耐久性的保护措施，则可以考虑适当"降低"。例如，构件表面涂覆、抹灰对于干湿交替环境下的防护作用，保温层对于减缓冻融循环的有利影响，绝缘、隔离对于抵御氯盐侵入、化学腐蚀的有利作用等。

1）耐久的混凝土结构，是指在设计工作年限内，在不丧失重要用途或不需要过渡的不可预期的维护条件下，能够满足结构的使用性、承载力及稳定性要求。

2）混凝土结构耐久性的主要影响因素，除了原材料及配合比设计等自身因素外，结构的用途（如承受的作用）、预期服役过程中结构所处的环境是主要因素。因此，混凝土结构应当考虑结构用途、结构所处环境、结构设计工作年限等要素，需要采取保证混凝土、钢筋和预应力筋的耐久性措施、施工措施、运维措施等。例如，一般混凝土水胶比不得大于 0.50，但有腐蚀性介质时，水胶比不应大于 0.45。

3）环境类别是指混凝土结构暴露环境条件的分类。混凝土结构暴露的环境条件是指混凝土结构表面所处的环境状况，是影响混凝土耐久性的外因之一，一般是指除混凝土结构所承受的机械作用（直接作用和间接作用）外，混凝土结构表面所处的物理条件和化学条件。但应注意，目前我国各行业对环境分类并不完全一致，也反映了各行业对混凝土耐久性的考虑因素并未达成统一。

根据我国相应的耐久性调查分析：参考《混凝土结构耐久性设计规范》GB/T 50476 规定：针对房屋建筑混凝土结构的具体条件作了必要的放松和简化，现行国家标准《混凝土规》GB 50010-2010（2015 版）第 3.5.2 条给出了一般房屋建筑混凝土结构的环境分类方法。

4）关于混凝土结构耐久性的相关问题。

耐久性能是混凝土结构应满足的基本性能之一，与混凝土结构的安全性和适用性有着密切的关系，越来越受到业界的重视，现就耐久性相关问题补充说明如下。

（1）对土木工程来说意义非常重要，若耐久性不足，将会产生严重的后果，甚至对未来社会造成极为沉重的负担。据 2010 年美国一项调查显示，美国的混凝土基础设施工程总价值约为 6 万亿美元，每年所需维修费或重建费约为 3000 亿美元。美国 50 万座公路桥梁中 20 万座已有损坏，美国共建有混凝土水坝 3000 座，平均寿命 30 年，其中 32％的水坝年久失修；而对第二次世界大战前后兴建的混凝土工程，在使用 30～50 年后进行加固维修所投入的费用，约占建设总投资的 40％～50％。我国 20 世纪 50 年代所建设的混凝土工程已经使用 50 余年。而我国结构设计使用年限绝大多数也只有 50 年，今后为了维修这些新中国成立以来所建的基础设施，耗资必将是极其巨大的。而我国目前的基础设施建设工程规模依然巨大，每年高达 3 万亿元人民币以上。照此看来，在 30～50 年后，这些工程也将进入维修期，所需的维修费用和重建费用将更为巨大，因此耐久性对土木工程非常重要，应引起足够重视。

（2）目前，关于混凝土结构耐久性的设计方法有两种：其一是宏观控制方法，其二是极限状态设计方法。

① 宏观控制方法：是将具有代表性的环境不严格定量地进行区分，根据环境类别和设计使用年限，对结构混凝土提出相应的限制要求，保证其耐久性能。这种方法的优点是易于理解、便于操作，缺点是不能准确定量。《混凝土规》GB 50010-2010（2015 版）采取了这种划分方法，将混凝土结构的环境分为五类：室内正常环境、室外环境或类似室外环境、氯侵蚀环境、海洋环境和化学物质侵蚀环境。这种划分方法与欧洲规范的划分方法基本一致。在对结构混凝土提出要求时，将试验研究结果、混凝土耐久性长期观测结果与混凝土结构耐久性调查的情况结合起来，根据使用环境的宏观情况和设计使用年限情况，使要求具体化，使之能满足耐久性要求。

② 极限状态设计方法：是将上述分类加上侵蚀性指标细化，如室内环境，根据常年温度、湿度、通风情况、阳光照射情况等定量细化。材料抵抗环境作用的能力要通过试验研究、长期观测和现场调研统计得到的计算公式的验算来体现。以混凝土碳化造成的钢筋锈蚀问题为例来说明这种方法，先计算碳化深度达到钢筋表面所需要的时间 t_1，在计算时要考虑混凝土的孔隙结构、氢氧化钙的含量、环境中的二氧化碳含量、空气温度与湿度等因素，然后，计算钢筋锈蚀达到允许锈蚀极限状态的时间 t_2。在计算时要考虑混凝土的孔隙结构、保护层厚度、空气温度与湿度和钢筋直径等因素。令 t_1+t_2 大于设计使用年限，则满足耐久性要求。从目前的情况来看，按极限状态设计方法进行设计的条件还不够成熟。

（3）由于影响混凝土结构材料性能劣化的因素比较复杂，其规律不确定性很大，一般建筑结构的耐久性设计只能采用经验性的定性方法解决。

（4）影响混凝土结构耐久性的相关因素，主要有：

① 混凝土的密实性：混凝土是由砂、石、水泥、掺合料、外加剂、加水搅拌而形成的混合体。由于水泥浆胶体凝固为水泥石（固化）过程中体积减小；振捣时离析、泌水造成的浆体上浮和毛细作用；混凝土材料内部充满了毛细孔、孔隙、裂纹等缺陷（图 2-2-6）。这种材料不密实的微观结构，就可能引起有害介质的渗入，造成耐久性问题。

② 混凝土的碳化：混凝土中含有碱性的氢氧化钙 $[Ca(OH)_2]$，其在钢筋表面形成"钝化膜"而保护其免遭锈蚀，这种现象称为"钝化"。处于钝化状态的钢筋不会锈蚀，当钝化膜遭到破坏时，钢筋则具备锈蚀的条件，在大气中二氧化碳（CO_2）渗入和水（H_2O）的作用下，就会生成碳酸钙而丧失了碱性，这种现象称为"碳化"（图 2-2-7）。这种碳化会随着时间推移，碳化深度逐渐加大，当达到钢筋表面而引起"脱钝"时，裸露的

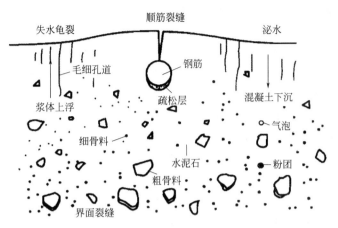

图 2-2-6　混凝土的微观结构及内部缺陷

钢筋就容易在有害介质的作用下锈蚀。

③ 钢筋的锈蚀：钢筋承受了构件中的全部拉力，对结构的安全关系极大。钢筋在氧气（O_2）和水（H_2O）交替作用的环境下，如果遇到酸性介质，就会发生电化学反应而锈蚀。锈蚀钢筋体积膨胀而引起混凝土的顺筋裂缝，如图 2-2-8（a）所示，进而造成保护层脱落。失去保护层的钢筋反过来又会加速锈蚀钢筋的锈蚀速度，如图 2-2-8（b）所示。钢筋锈蚀使钢筋截面减小从而引起应力集中，还会造成材料性能的蜕化——延性丧失而极易脆断。钢筋腐蚀是混凝土结构耐久性中影响结构安全的最严重的问题。

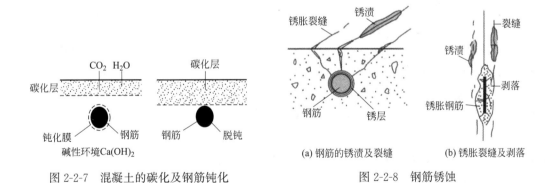

图 2-2-7　混凝土的碳化及钢筋钝化　　　　　图 2-2-8　钢筋锈蚀

④ 氯离子的影响：如果混凝土中含有氯离子，游离的氯离子使钢筋表面的钝化膜破坏，使钢筋具备了锈蚀条件，很少的氯离子就足以长久地促使钢筋快速锈蚀，直至完全锈蚀为止。因此，氯离子是混凝土结构耐久性的"大敌"。美国的"五倍定理"和日本的"海砂屋"，都是由于氯离子而引起的结果，对此结构设计不得不引起关注。

⑤ 碱骨料反应：碱骨料反应是指水泥水化过程中释放出来的碱金属与骨料中的碱活性成分发生化学反应造成的混凝土破坏。如果混凝土长期处于水环境中，而其内部含碱量又较高时，则有可能由于含碱骨料浸水膨胀而引起内部裂缝。因此对于处于水环境中的混凝土构件，应限制其碱含量，设计可参考现行国家标准《预防混凝土碱骨料反应技术规范》GB/T 50733 的相关规定。

（5）混凝土的耐久性质量基本要求，主要有：

① 混凝土的作用：混凝土的碱性环境对防止钢筋锈蚀有很大的作用（钝化作用）。混凝土自身的密实-抗渗性能缺陷；导致二氧化碳和酸性介质入侵引起的"碳化""脱钝"（图 2-2-7）和钢筋的锈蚀和胀裂，加剧了耐久性破坏。此外，有害介质的含量也会对混凝土裂缝和钢筋锈蚀造成耐久性方面的重大影响。

② 混凝土材料的质量控制：混凝土材料耐久性质量的要求，包括自身密实性及抗渗性能，碳化对碱性保护钢筋防锈的作用（钝化），以及对有害成分的限制。控制混凝土材料耐久性的参量有 4 个：最大水灰比、最低强度等级、氯离子含量限制和最大碱含量限制。

③ 密实度及抗渗性能的控制：

A. 水胶比。与混凝土抗渗性能有关的密实度对耐久性影响很大，而其又与混凝土的含水量有关。现行规范提出了最大水胶比的要求，取消了最小水泥用量的限制。这是由于近年来建材行业普遍在水泥熟料中加入矿物掺合料（如粉煤灰、矿渣等），水泥中有效胶凝成分的不确定性太大，限制最小水泥用量已无实际意义。故将"水灰比"改为"水胶比"，以有效胶凝材料的总量为控制量。

B. 强度等级。强度等级与混凝土的密实度关系密切，一般强度等级高的混凝土密实度较大，耐久性就比较好。此外，加入引气剂可以在混凝土内部形成封闭微孔，对消除冰冻引起体积膨胀的不利影响十分有效。

④ 有害介质的限制：

A. 氯离子。氯离子（Cl^-）在钢筋电化学锈蚀过程中起到了催化剂的作用，少量的氯化钠（NaCl）即可持续长久地促进钢筋锈蚀的化学反应而本身并无消耗。由于氯离子的不利影响十分严重，必须严加控制其含量。但完全不含氯离子也是不可能的，自来水中就含有氯（消毒的漂白粉、氯气等）。通常不掺加含有功能性氯化物外加剂（尤其是作为促凝剂的氯化钙）的混凝土，一般均能满足规范要求，但要注意沿海地区的地下水问题。

【工程案例】2020 年笔者公司设计的葫芦岛某工程，由工程地勘报告知：本场地为填海而成，地下水与海水连通，海水对本工程建筑结构的腐蚀性可按地下水影响的最不利组合考虑，即地下水（和海水）对混凝土结构具强腐蚀性，腐蚀性介质为硫酸盐，对钢筋混凝土结构中的钢筋具强腐蚀性，腐蚀性介质为氯化物。

本工程地下防腐蚀设计相关要求可参考笔者撰写的《〈建筑与市政地基基础通用规范〉GB 55003-2021 应用解读及工程案例分析》，在此不再赘述。

B. 碱含量。混凝土碱性的钝化作用有利于钢筋防锈，对耐久性是十分有利的。但长期水环境（潮湿环境）作用下，有可能导致含碱骨料的水化膨胀，从而引发膨胀裂缝—碱骨料反应裂缝。故对潮湿环境中的混凝土结构，应作出碱含量的限制。但一般房屋建筑很难有水的长期作用，因此碱骨料反应的影响不大。

（6）对耐久性敏感构件的防护措施。

① 预应力筋（钢丝、钢绞线）承载力的工作应力很高，且直径很细，还存在应力腐蚀的问题，对耐久性锈蚀十分敏感，容易发生脆断等问题。因此，必须采取相应的措施加强保护，如表面防护、加厚保护层、孔道灌浆、端面保护等。

② 悬臂构件。悬臂构件是静定结构，没有任何多余约束，且承受负弯矩而裂缝向上，

在室外环境中特别容易产生耐久性问题，一旦出现问题，会产生倒塌、坠落的严重后果，也是世界各国事故多发生的构件种类。我国曾多次发生由于钢筋锈蚀、断裂而引起的阳台、雨罩、檐口板的倒塌、坠落，造成严重的伤亡事故，这样的工程事故举不胜举。故设计必须加强此类构件耐久性的防护措施，一般需要严控裂缝宽度，加强外防护等措施。

③ 抗渗-抗冻构件。氧和水的交替作用和含水混凝土的冻融循环，是对混凝土耐久性能的最大破坏。对有抗渗、抗冻要求的混凝土构件，其质量必须满足相关规范对耐久性的要求。

④ 金属外露构件。处在二、三类环境中的预埋件、吊钩、连接件、锚具等外露金属构件，不仅本身容易受到腐蚀，还可能由于金属连通的关系，导致锈蚀问题内蔓延至混凝土内部的钢筋，故应采取涂覆防锈蚀或其他涂料等措施加以保护。钢筋连接件及预应力端部锚固区的预应力筋和锚具也是关键的受力部位，必须有可靠的防护措施。

（7）恶劣环境下的附加防护措施。

恶劣环境下的混凝土结构构件，常规的防护措施已经不能解决耐久性问题，应采取特殊的附加防护措施加以防护，工程界一般有以下几种方法：

① 加钢筋阻锈剂。在混凝土中加阻锈剂，可以缓解碳化-脱钝的速度，保护钢筋免遭锈蚀。具体钢筋阻锈剂的选择，可参见相关标准。钢筋阻锈剂一般可以解决氯离子腐蚀情况。

② 耐腐蚀涂料。采用耐腐蚀的涂料保护钢筋，目前可以采用镀锌钢筋或环氧涂层钢筋，但是这类钢筋的锚固性能会有所降低，设计时需要考虑加大锚固长度。

5）运维期的管理。

（1）耐久性问题的特点是具有时间性，对最初的小问题不及时处理，任其发展就会引起严重后果。这样的工程事故案例有很多。这是由于我国以前并不太重视使用阶段的维护工作，一般是不出现问题就很少会进行定期检查维护。设计和施工并不能一劳永逸地解决混凝土结构的耐久性问题，更重要的是使用期的维护和维修是由物业管理负责。《工程结构通用规范》GB 55001-2021 第 2.1.7 条规定，结构应按设计规定的用途使用，并应定期检查结构状况，进行必要的维护和维修。严禁下列影响结构使用安全的行为：

① 未经技术鉴定或设计许可，擅自改变结构用途或使用环境；

② 损坏或者擅自变动结构体系及抗震设施；

③ 擅自增加结构使用荷载；

④ 损坏地基基础；

⑤ 违规存放爆炸性、毒害性、放射性、腐蚀性等危险物品；

⑥ 影响毗邻结构使用安全的结构改造与施工。

（2）笔者建议物业管理部门应做好以下几件事：

① 物业管理部门应建立定期检查、维修的制度，并坚持执行，应有记录可追溯。

② 对结构进行经常性的检查、维修，保持良好状态。

③ 结构表面的防护层及可更换的构件，应按规定定期更换。

④ 发现可见的缺陷时，应及时处理，延误时间而任其发展，必将引起严重后果。

2.0.6 钢筋混凝土结构构件、预应力混凝土结构构件应采取保证钢筋、预应力筋与混凝土材料在各种工况下协同工作性能的设计和施工措施。

 延伸阅读与深度理解

　　钢筋混凝土构件、预应力混凝土构件是由普通钢筋、预应力混凝土材料有机结合形成的结构构件，两种材料的协同工作是混凝土结构的基本要求，必须采取可靠、适宜的设计方案和施工措施予以保证。

　　对于钢筋混凝土构件和有粘结预应力混凝土结构构件，普通钢筋、预应力筋（束）的表面形状或表面处理、变形能力、设计指标取值以及与混凝土的粘结与锚固性能等，均会影响钢筋、预应力筋与混凝土的共同工作，如钢筋的锚固长度、连接区段及搭接长度等，必须满足规范规定的性能要求；对于无粘结预应力混凝土构件，从设计和施工角度，预应力筋的保护及锚固措施对结构或结构构件的协同工作性能都十分重要。

2.0.7 结构混凝土应进行配合比设计，并应采取保证混凝土拌合物性能、混凝土力学性能和耐久性能的措施。

 延伸阅读与深度理解

　　1）构成普通结构混凝土的原材料，包括胶凝材料、粗骨料、细骨料、水、掺合料、外加剂等，为了实现结构混凝土的力学性能（如强度）、工作性能（如流动性）、耐久性能等要求，应根据设计、施工、耐久性要求及原材料实际情况，进行混凝土配合比设计与优化，并应根据实际条件采取适宜的生产、运输、施工、维护措施，确保结构混凝土的匀质性，以及相应龄期的力学性能、耐久性能，控制影响混凝土结构使用功能和耐久性能的非荷载裂缝的发生与发展。

　　2）混凝土配合比设计与优化混凝土工程质量控制的重要环节，是针对工程个性化需求而采取针对性措施的必须工作。混凝土的均匀性是实现结构设计目标，保证工程质量的基础，混凝土的匀质性与原材料、生产技术以及施工技术有关，应避免混凝土原材料分散不均匀，避免混凝土浇筑出现离析、分层等质量问题。所有的控制工作措施，应使结构混凝土在相应的龄期时间满足结构混凝土强度、弹性模量、耐久性等设计要求。

　　（1）设计师需要注意的是，当掺合料用量较大，而现场施工的养护条件不足，则结构中混凝土性能可能达不到设计要求（对于非大体积混凝土，此种情况更容易出现）。目前混凝土耐久性研究认为，大量掺加矿物掺合料可以提高某些混凝土耐久性指标，但这个结论是基于具有良好的养护条件且严格按要求养护下的混凝土试验的结果，如果掺入大量矿物掺合料而实际结构中的混凝土得不到良好的养护，耐久性设计意图将不能实现，甚至还会降低混凝土耐久性。

　　（2）本条具体细化规定见《混凝土规》第3.1.6条。

2.0.8　混凝土结构应从设计、材料、施工、维护各环节采取控制混凝土裂缝的措施，混凝土构件受力裂缝的计算应符合下列规定：

1　不允许出现裂缝的混凝土构件，应根据实际情况控制混凝土截面不产生拉应力或控制最大拉应力不超过混凝土抗拉强度标准值；

2　允许出现裂缝的混凝土构件，应根据构件类别与环节类别控制受力裂缝宽度，使其不致影响设计工作年限内的结构受力性能、使用性能和耐久性能。

 延伸阅读与深度理解

1）首先需要说明：在2019年《混凝土结构通用规范》征求意见稿中，还给出了各种环境条件下混凝土构件裂缝宽度的最大限值。

征求意见稿第4.4.4条：混凝土结构构件应根据结构类型和环境类别，采用不同的裂缝控制等级及最大裂缝宽度限值，并应符合表2-2-3的规定。

结构构件的裂缝控制等级及最大裂缝宽度的限值（mm）　　　表2-2-3

环境类别	钢筋混凝土结构		预应力混凝土结构	
	裂缝控制等级	w_{lim}	裂缝控制等级	w_{lim}
一	三级	0.30(0.40)	三级	0.20
二 a				0.10
二 b		0.20	二级	—
三 a、三 b			一级	—

注：1. 表中的规定适用于采用热轧钢筋的钢筋混凝土构件和采用预应力钢丝、钢绞线及预应力螺纹钢筋的预应力混凝土构件；当采用其他类别的钢丝或钢筋时，其裂缝控制要求可按专门标准确定；

2. 对处于年平均相对湿度小于60％地区一级环境下的受弯构件，其最大裂缝宽度限值可采用括号内的数值；

3. 在一类环境下，对钢筋混凝土屋架、托架及需作疲劳验算的吊车梁，其最大裂缝宽度限值应取为0.20mm；对钢筋混凝土屋面梁和托梁，其最大裂缝宽度限值应取为0.30mm；

4. 在一类环境下，对预应力混凝土屋架、托架及双向板体系，应按二级裂缝控制等级进行验算；对一类环境下的预应力混凝土屋面梁、托梁、单向板，按表中二 a 级环境的要求进行验算；在一类和二类环境下的需作疲劳验算的预应力混凝土吊车梁，应按一级裂缝控制等级进行验算；

5. 表中规定的预应力混凝土构件的裂缝控制等级和最大裂缝宽度限值仅适用于正截面的验算；预应力混凝土构件的斜截面裂缝控制验算应符合相关要求；

6. 对于烟囱、筒仓和处于液体压力下的结构构件，其裂缝控制要求应符合专门标准的有关规定；

7. 对于处于四、五类环境下的结构构件，其裂缝控制要求应符合专门标准的有关规定；

8. 混凝土保护层厚度较大的构件，允许根据研究成果和实践经验对表中裂缝宽度限值适当放宽。

笔者看到这个问题于2019年3月1日发征求意见稿，建议发给规范编制。

笔者认为这样规定不合理。理由如下：

将裂缝宽度限制列入强制性条文无可厚非，但是目前房屋建筑结构规范给出的裂缝计算公式适用范围有限。对于双向板等构件并不适用，但很多地方审图要求计算双向板裂缝。如果本身计算就不合适，裂缝宽度限值又作为"强条"，是否过于严厉，当然也不够科学。

看到2022年正式稿发布后，取消了裂缝宽度限值的具体要求。应该说这是一种进步，也是一种科学的态度。

但遗憾的是,《组合结构通用规范》GB 55004-2021第4.2.3条规定:组合构件的混凝土裂缝宽度应分别按荷载标准组合和准永久组合,并考虑长期作用的影响进行计算。室内干燥环境下最大受力裂缝宽度不应大于0.3mm,其他情况最大裂缝宽度不应大于0.2mm。

条文说明:组合结构构件包括钢-混凝土组合梁的混凝土板和型钢混凝土构件。

笔者个人认为这是各通用规范没有协调好导致的问题。

2)混凝土结构构件的一个重要特点就是受拉性能有限(受拉承载力仅是受压承载力的1/10),在混凝土正截面承载力计算中都不考虑混凝土的受拉承载力。

3)混凝土构件是相对容易产生裂缝的,包括受力裂缝及非受力裂缝(如混凝土收缩裂缝)。

4)混凝土构件的裂缝不仅影响工程项目的结构性能,也影响工程项目的正常使用性能,包括对使用者心理层面的影响。

5)裂缝控制应从材料选择、配合比设计、结构设计、结构施工及使用维护各阶段进行综合控制,方能达到良好效果。

6)设计阶段应按正常使用极限状态进行混凝土拉应力计算或裂缝宽度验算,并应满足相关规定要求。

7)非荷载裂缝,主要是混凝土材料收缩变形引起的裂缝,此类裂缝一般不影响结构或构件的承载力,但可能影响建筑的使用功能和结构的耐久性。

8)对于有抗渗要求和较高耐久性要求的混凝土结构构件,不仅要控制受力裂缝,也需要严格控制非荷载裂缝,特别是贯穿性裂缝的发生。

9)非荷载裂缝,需要从结构设计、材料性能和施工措施等多个环节共同考虑,特别是配合比,施工养护等环节。结构设计需要重点考虑减少收缩或混凝土应力集中区域或降低混凝土收缩应力水平,并考虑构造和防裂钢筋的设置。

10)材料性能,需要采取措施降低混凝土的温度收缩和干燥收缩,如采用粉煤灰替代部分水泥,需要采用合适的养护方式,降低水化温升带来的混凝土温度梯度,减少早期混凝土的蒸发量等。

11)现行《混凝土规》混凝土结构裂缝宽度计算公式的适用范围。

(1)《混凝土规》裂缝宽度计算的适用范围问题是:

我国现行《混凝土规》裂缝计算公式,仅适用于受拉、受弯、偏心受压构件及预应力混凝土轴心受拉、受弯构件。计算公式实际是由单向受弯构件的试验研究得出的,对于双向受弯构件(如双向板)是不适应的。因此,某些施工图审查单位要求设计者计算双向板裂缝宽度是没有必要的。目前,世界各国对双向板裂缝计算还没有确切的方法。

当前,我国土木工程对混凝土构件的受力裂缝宽度计算公式,有三本规范,即住房城乡建设部、交通运输部、水利部的规范。三本规范计算结果相差很大,交通运输部、水利部的工程所处环境要比建筑物构件严酷得多,但是住房城乡建设部《混凝土规》计算结果却最大。

《混凝土规》裂缝计算公式来源于苏联,公式是按纯受弯构件、假设裂缝沿构件等间距分布,然后根据裂缝处钢筋应力与混凝土内力等因素推导出来的,并结合试验数据得出最后的计算公式。东南大学和中国建筑科学研究院结合我国情况提出了适合我们国家的裂缝宽度计算公式。

（2）《全国民用建筑工程设计技术措施——结构（混凝土结构）》2009 版明确了，《混凝土规》裂缝计算公式适应范围如下：

① 只适用单向简支受弯构件。不适用双向受弯构件，如双向板、双向密肋板。

目前规范中有关裂缝控制的验算方法，是沿用早期采用低强度钢筋以简支梁构件形式试验研究的结果，与实际工程中的承载力和裂缝状态相差甚大。由于工程中梁、板的支座约束、楼板的拱效应和双向作用等的影响，实际裂缝状态比计算结果要小得多。采用高强材料后，受力钢筋的应力大幅度提高，裂缝状态将取代承载力成为控制设计的主要因素，从而制约了高强材料的应用。

② 对于连续梁计算裂缝宽度也偏大。主要是因为连续梁受荷后，端部外推受阻会产生拱的效应，降低钢筋应力。

笔者认为，框架梁支座的裂缝可以不考虑。从梁内力的角度考虑，因为一般计算梁端弯矩可以取到柱边，弯矩可折减15%甚至更多，而且梁端的配筋率比较大，受拉钢筋的有效利用应力水平也高（如可达 0.7 以上），另外，支座负钢筋还没有考虑板中钢筋的贡献，因此在忽略其他因素的条件下，一般强度计算的配筋是可以满足裂缝计算要求的。另一方面，从"强柱弱梁"的角度看，支座钢筋因为错误的裂缝计算假定而导致的用量增加，将加剧"强梁弱柱"破坏的可能性。

③ 地下室外墙（挡土墙）是压弯构件，不宜采用此公式计算。但遗憾的是，有些地方审图人员依然坚持让设计单位提供双向板裂缝计算。

（3）混凝土结构裂缝计算应注意的问题。

① 计算梁的配筋和裂缝时都是按单筋矩形梁计算的，而工程中实际的梁基本上都是有翼缘的，受压区也是有配筋的。如果计算裂缝时考虑受压区楼板钢筋参与工作并考虑受压区配筋的贡献，那么绝大多数情况下梁按强度计算结果所配钢筋是能满足 0.3mm 的抗裂要求的。还有一个事实容易忽略，那就是梁的配筋是按弯矩包络图中的最大值计算的，在计算梁的裂缝时，理应选用正常使用情况下的竖向荷载梁端弯矩标准值计算，不能用极限工况下的柱中心弯矩设计值计算裂缝，而按正常使用工况计算的梁裂缝都是很小的。如果真的发生地震了，梁端出现裂缝对"强柱弱梁"是有利的，根本没有必要控制裂缝。况且程序的计算结果本身有很大富裕量。所以，梁配筋只要满足计算结果就行了，不好选筋时，配筋适当降低一点也是可以的，但千万不要随意放大，否则，"强柱弱梁"就无法实现了。

② 一般程序计算梁支座负弯矩往往取在柱中，而且多数是按单筋梁计算求出的配筋，且是按所有工况最不利弯矩来计算的。

③ 一般软件在计算时不考虑柱截面尺寸，梁的计算长度以两端节点间长度计。而计算支座裂缝需要的是柱边缘的弯矩，该弯矩通常小于节点处的弯矩。所以，按裂缝要求选梁配筋时，需要对支座处的弯矩进行折减。如果应用程序整体分析软件时选择了"考虑节点刚域的影响"，可以认为计算软件给出的弯矩已考虑了支座截面尺寸的影响，在计算裂缝时就不应该对弯矩做重复的折减了。梁施工图中"考虑支座宽度对裂缝的影响"时，程序大约取距离支座内距边缘1/6支座宽度处的弯矩，并且降低的幅值不大于 0.3 倍的支座弯矩峰值。这样可以避免过大的支座负筋配置，以利于实现强剪弱弯、强柱弱梁等设计

原则。

注：实际上，这一点只适用于框架主梁，因为只有在主梁与柱之间程序才会生成刚域，次梁与主梁之间并没有刚域。

④ 一般程序梁跨中截面的正钢筋，往往按矩形截面单筋梁计算的配筋。

⑤ 所以，当程序计算结果裂缝不满足规范要求时，不要急于增加纵向钢筋解决，应对其进行分析，必要时应进行人工补充计算；不要因为盲目加大纵筋而影响结构的"强柱弱梁，强剪弱弯"的抗震设计理念。

⑥ 目前一些程序给出双向板裂缝计算结果是没有依据的，依然是按照单向受弯裂缝计算公式给出，显然不合理。没有合理的理论依据，不应考虑。

⑦ 重要构件和预应力构件建议手工复核一下裂缝。笔者并不是反对计算控制裂缝，而是不主张不加分析地直接引用一些没有依据的计算裂缝值作为设计依据。

⑧ 对于压弯构件，当 $e_0/h_0 \leqslant 0.55$ 的偏心受压构件，可不验算裂缝宽度。这是通过试验表明，当 $e_0/h_0 \leqslant 0.55$ 时，裂缝宽度都小于 0.2mm，均能符合要求，故不必再验算。

⑨ 当由于耐久性要求保护层厚度较大时，虽然裂缝宽度计算值也较大，但由于较大的保护层厚度对防止钢筋锈蚀是有利的。因此，对混凝土保护层厚度较大的构件，当在外观的要求允许时，可以适当放松裂缝宽度要求。建议如下：

A. 保护层中加防裂钢丝网时，裂缝计算宽度可以折减 0.7；

B. 也可取正常的混凝土保护层厚度计算裂缝。如现行国家标准《混凝土结构耐久性设计标准》GB/T 50476-2019 第 3.5.4 条：根据耐久性要求，在荷载作用下配筋混凝土构件的表面裂缝最大宽度计算值不应超过 GB/T 50476-2019 表 3.5.4 中的限值。对裂缝宽度无特殊外观要求的，当保护层设计厚度超过 30mm 时，可将厚度取为 30mm 计算裂缝的最大宽度。

⑩《北京地区建筑地基基础勘察设计规范》DBJ 11-501-2009（2016 年版）第 8.1.15 条：基础结构构件（包括筏形基础的梁、板构件、箱基础的底板、条形基础的梁等）可不验算其裂缝宽度。

⑪《全国民用建筑工程设计技术措施——结构（混凝土结构）》2009 版：厚度≥1m 的厚板基础，无需验算裂缝宽度。

通过对大量的筏基构件内的钢筋进行应力实测，发现钢筋的应力一般均在 20～50MPa，远小于计算所得的钢筋应力，此结果表明，我们的计算方法与基础的实际工作状态出入较大。在这种情况下再要求计算控制裂缝是不必要的。但应注意，当地下水具有强腐蚀性时，就需要计算控制裂缝。

⑫《北京地区建筑地基基础勘察设计规范》DBJ 11-501-2009（2016 年版）第 8.1.13 条：当地下外墙如果有建筑外防水时，外墙的裂缝宽度可以取 0.40mm；《全国民用建筑工程设计技术措施——结构（混凝土结构）》2009 版也有同样规定。

（4）混凝土结构裂缝计算主要与哪些因素有关系？

① 受拉钢筋的应力水平，受拉钢筋的应力与裂缝宽度线性相关，因此控制受拉钢筋在准永久值或标准组合下的应力水平是控制裂缝宽度的关键因素。国外（如 ACI、EC 等）多控制受拉钢筋的应力水平在 $0.6f_y$ 左右，由于我国的荷载分项系数较小，因此受拉钢筋

的应力水平比国外稍大。对于 HRB400 级钢，适宜的直径，正常保护层下的梁而言，应力水平主要在 $0.6f_y \sim 0.8f_y$ 区间不等，而这个应力水平将随着钢筋直径、保护层、配筋率、混凝土强度等级等因素的变化而变化。

② 受拉钢筋配筋率，是决定钢筋应力有效利用水平的关键因素。因此，也是裂缝计算的关键因素之一。统计混凝土规范的计算公式表明，配筋率越大，钢筋应力有效利用的水平越高，裂缝也越容易控制，这里好像存在一个悖论，比如在前提条件相同的情况下，一根 $400mm \times 800mm$ 的梁裂缝计算不满足要求，而换成 $350mm \times 800mm$ 梁的裂缝计算却满足要求了，就是因为后者配筋率大了一些，因此，钢筋应力水平要求相应放松了的缘故。从本质上说，这是混凝土规范裂缝宽度验算公式的"特点"。但是从另一方面来看，"死扣"规范有时候却可以用于优化构件尺寸。

③ 保护层厚度，保护层厚度对于裂缝宽度的计算也很敏感，混凝土规范要求保护层厚度的计算区间为 $15 \sim 50mm$，保护层越大，裂缝计算宽度也越大。因此，要求钢筋有效利用的应力水平也减小（更严）。

④ 纵向钢筋直径，一般情况下，小直径钢筋对于控制裂缝宽度有利，如用直径小的钢筋做设计比用直径大的钢筋做设计更好，在裂缝宽度控制的情况下，直径大的钢筋的计算面积要大不少。

⑤ 混凝土强度等级，提高混凝土强度等级对于减小裂缝宽度的贡献很小，一般不推荐。

⑥ 设计组合之间的关系，即准永久组合或标准组合与基本组合的比值，一般只考虑恒活载的情况下，标准组合的内力约为基本组合的 $0.75 \sim 0.80$，处于平均值 0.77 附近的情况较多。根据这个比例，结合钢筋应力的力臂计算值不同以及钢筋应力利用水平，可以估算裂缝宽度设计的钢筋用量和强度设计钢筋用量之间的关系。这对于按照强度计算配筋，用裂缝控制去复核和调整配筋量的设计方式十分有效，掌握这个比例关系，可节约大量钢筋调整时间。

⑦ 内力调幅系数，利用内力调幅系数，可以减小梁端的配筋，增加跨中的配筋。建议可以采用调幅后的基本组合内力进行强度设计，但是最好不要采用调幅后的标准组合内力进行裂缝宽度验算，这是因为在标准组合内力下梁端并未达到极限承载力，还可以继续加载，因此裂缝还会继续发展。

⑧ 力臂系数，由于强度设计时的力臂系数是实际计算出来的，而钢筋应力的力臂系数，却是统计之后给定的 0.87，显然对于具体的梁构件而言，并不会总是 0.87，一般变化幅度可达 $0.80 \sim 0.95$。因此，对于准永久组合或标准组合下钢筋应力而言，可能计算偏大或偏小，按照规范解读的介绍，力臂系数一般可参考规范取值，但也不限制采用更准确的系数。

总之，搞清以上这些因素，对于机器计算裂缝过大时，人工校核提供了一些具体处理方法。

（5）国外对混凝土结构裂缝宽度是如何限值的？

计算裂缝宽度，目的是使裂缝能够控制在一定限度内，以减少钢筋锈蚀。但在一类环境中，裂缝宽度对钢筋锈蚀没有明显影响，这在世界上已有共识。过去传统观念认为，裂缝的存在会引起钢筋锈蚀加速、结构使用寿命缩短。但近 50 年国内外所做的多批带裂缝混凝土构件长期暴露试验以及工程实际调查表明，裂缝宽度对钢筋锈蚀程度并无明显关系。许多专家认为，控制裂缝宽度只是为了美观或人们心里的安全感。

对于裂缝限制，国外一些规范是这样规定的：

① 美国混凝土规范 ACI318 已经取消了以前室内、室外要区别对待裂缝宽度允许值的要求，认为在一般大气环境下，裂缝宽度控制并无特别意义。

② 欧盟规范 EN1992 认为"只要裂缝不削弱结构的功能，可以不对其进行任何控制"，"对于干燥或永久潮湿环境，裂缝控制仅保证可接受的外观，若无外观要求，裂缝控制 0.40mm 的限制可以放宽"。

③《建筑结构》2007 年第 1 期刊登的清华大学的研究论文，将我国《混凝土规》的裂缝计算结果与美国 AC1318-05、英国 BS110-2（1985）及欧洲 EN19921-1（2004）裂缝控制规定加以对比。结果表明，发现我国现行标准《混凝土规》给出的裂缝计算值明显高于其他规范，包括交通运输部规范。当保护层厚度为 25~60mm 时，住房城乡建设部规范计算值比欧洲和美国规范大一倍以上，比交通运输部规范大 25%~100%。

【算例】有一矩形截面混凝土梁截面尺寸为 $b \times h = 200mm \times 500mm$，混凝土强度 C30，钢筋采用 HRB500，梁底配筋为 $2d20 + 2d16$；纵向钢筋保护层 25mm，承受荷载效应的准永久组合弯矩 $M_q = 100km \cdot m$。试计算最大裂缝宽度等于多少？

1.《混凝土规》计算结果为 0.225mm；

2.《给水排水工程构筑物结构设计规范》GB 50069-2002 计算结果为 0.170mm。

3.《公路钢筋混凝土及预应力混凝土桥涵设计规范》JTG D 62-2004 计算结果为 0.180mm。

2.0.9　混凝土结构构件的最小截面尺寸应满足结构承载力极限状态、正常使用极限状态的计算要求，并应满足结构耐久性、防水、防火、配筋构造及混凝土浇筑施工要求。

 延伸阅读与深度理解

1）本条综合考虑混凝土结构的特点，提出了需要考虑混凝土结构构件的最小截面尺寸应考虑的要素。

2）结构构件最小截面尺寸除了满足结构可靠性（安全性、适用性、耐久性）设计的基本要求外，还要考虑设计中没有考虑到的某些偶然作用，要留有适当的安全冗余度。

3）要考虑结构防水、防火、人防及混凝土浇筑等施工要求。如，防水规范对防水混凝土要求厚度不应小于 250mm。人防规范规定，人防工程顶板厚度不应小于 200mm；承重内墙厚不应小于 200mm。临空墙厚不应小于 250mm 等。

《建筑防火设计规范》GB 50016-2014（2018 版）规定：对建筑高度大于 100m 的建筑楼板，现浇板厚度不得小于 100mm；又如钢筋混凝土柱，要满足 2.50h 耐火极限，柱最小截面尺寸为 200mm×300mm；要满足 3.00h 耐火极限，柱最小截面尺寸为 200mm×500mm。

2.0.10　混凝土结构中的普通钢筋、预应力筋应设置混凝土保护层，混凝土保护层厚度应符合下列规定：

1 满足普通钢筋、有粘结预应力筋与混凝土共同工作性能要求；

2 满足混凝土构件的耐久性能及防火性能要求；

3 不应小于普通钢筋的公称直径，且不应小于 15mm。

 延伸阅读与深度理解

混凝土保护层的主要作用如下：

1）锚固作用。

混凝土结构中的钢筋能够受力，是因为其在混凝土中的锚固。通过周围混凝土对钢筋的握裹作用，钢筋才能建立起设计所需要的应力。试验研究表明，普通钢筋、有粘结预应力筋与混凝土之间的粘结锚固性能，与混凝土保护层厚度有关。只有一定厚度的混凝土保护层，才能使其共同工作，并完成混凝土构件的基本受力性能要求。

2）对受力的影响作用。

混凝土中受力钢筋的有效高度与保护层厚度有关，保护层厚度加大，截面的有效高度就会减小。这样，同样截面的构件就会直接影响构件的承载能力。同时，较大的保护层厚度还会造成裂缝宽度加大，不容易满足计算裂缝宽度限值的要求。另外，太厚的保护层也容易开裂，且太厚的混凝土保护层在开裂、破碎的情况下还容易坠落，导致伤人。因此，混凝土保护层也不能太厚。

3）保护钢筋的耐久性作用。

混凝土结构的耐久性比较好，这是因为埋入碱性混凝土中的钢筋表面的钝化作用起到防锈的效果。混凝土保护层阻止了水、氧气、酸性介质、氯离子等的入侵，对防止钢筋锈蚀的保护作用非常重要，并且保护层越厚，对耐久性就越有利。

4）防火性能。

混凝土结构有可能遭受火灾的偶然事故作用，在火灾的高温作用下，依靠一定厚度的混凝土保护层，可以使钢筋不至于很快软化而丧失强度。耐受高温引起钢筋性能蜕化的时间称为耐火极限。显然，一定的耐火极限需要一定的混凝土保护层厚度。保护层对防火性能有直接的影响。

耐火极限：在标准耐火试验条件下，建筑构件、配件或结构从受到火的作用时起，至失去承载能力、完整性或隔热性时止所用的时间（h）。

如，建筑防火隔墙下的梁的保护层厚度，就必须加厚至 42mm（图 2-2-9）。

这个 42mm 是如何计算的？

从《建筑防火设计规范》GB 50016-2014（2018 版）表 5.1.2 可以看出，无论耐火极限几级，防火墙的耐火极限均为 3.00h，再由其附表 1 看出，梁的保护层 25mm 耐火极限是 2.00h，保护层 50mm 耐火极限可到 3.50h。

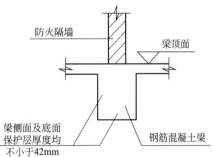

图 2-2-9 防火墙下钢筋混凝土
梁保护层厚度

内插耐火等级 3.00h 的保护层厚度：$25+\{(3-2)/(3.5-2)\}(50-25)=41.67\text{mm}$，取 42mm。

5.1.2　民用建筑的耐火等级可分为一、二、三、四级。除本规范另有规定外，不同耐火等级建筑相应构件的燃烧性能和耐火极限不应低于表 5.1.2 的规定。

表 5.1.2　不同耐火等级建筑相应构件的燃烧性能和耐火极限（h）

构件名称		耐火等级			
		一级	二级	三级	四级
墙	防火墙	不燃性 3.00	不燃性 3.00	不燃性 3.00	不燃性 3.00
	承重墙	不燃性 3.00	不燃性 2.50	不燃性 2.00	难燃性 0.50
	非承重外墙	不燃性 1.00	不燃性 1.00	不燃性 0.50	可燃性

附表 1　各类非木结构构件的燃烧性能和耐火极限

四	梁		构件厚度或截面最小尺寸（mm）	耐火极限（h）	燃烧性能
简支的钢筋混凝土梁	1. 非预应力钢筋，保护层厚度（mm）：10		—	1.20	不燃性
	20		—	1.75	不燃性
	25		—	2.00	不燃性
	30		—	2.30	不燃性
	40		—	2.90	不燃性
	50		—	3.50	不燃性

5）注意，任何条件下，混凝土保护层厚度都不应小于 15mm，且钢筋混凝土构件中普通钢筋的混凝土保护层厚度尚不应小于钢筋的公称直径。

6）如果纵向钢筋采用机械连接及装配式建筑套筒连接时，套筒的保护层如何选取？

由于机械连接套筒直径加大，对套筒混凝土保护层的要求显然不能按纵向钢筋的保护层厚度要求，但不应小于 15mm。这是因为套筒很短，影响保护层厚度减小的范围长度很小，不至于对耐久性造成明显的影响。

①《钢筋机械连接技术规程》JGJ 107-2016 第 4.0.2 条：连接件的混凝土保护层厚度宜符合现行国家标准《混凝土规》GB 50010 中的规定，且不应小于 0.75 倍钢筋最小保护层厚度和 15mm 的较大值。

②《装配式混凝土结构技术规程》JGJ 1-2014 第 6.5.3 条：纵向钢筋采用套筒灌浆连接时，应符合下列规定：预制剪力墙中钢筋接头处套筒外侧钢筋的混凝土保护层厚度不应小于 15mm。

7）通用规范主编对此问题解读：

【问题】本规范第 2.0.10 条第 3 款规定，普通钢筋的混凝土保护层厚度"不应小于普通钢筋的公称直径，且不应小于 15mm"。这里指的是否是纵筋或箍筋的保护层厚度不应小于相对应钢筋（纵筋或箍筋）的公称直径，且不应小于 15mm。

答复：本规范第 2.0.10 条对钢筋的保护层厚度要求有 3 款，其中最重要的就是第 1

款：钢筋与混凝土共同工作性能的要求。因此，钢筋保护层厚度首先要满足第 1 款。共同工作性能的要求其中一个，就是保护层厚度不能小于普通钢筋纵向受力钢筋的公称直径，这也是第 3 款的前半句要求。普通钢筋含有单根钢筋和并筋两种情况，《混凝土规》里有并筋的规定、等效直径，那么保护层厚度也不能小于并筋的等效直径。后半句不能小于 15mm，也有此要求，但不是强制性条文，而本规范中是强制性条文。保护层厚度不小于 15mm 的规定更多是从混凝土耐久性，从保护钢筋和钢筋的耐久性来考虑。

本规范中此条指的是钢筋混凝土里用的普通钢筋或者预应力混凝土结构中的普通钢筋，而不是预应力筋。对于有粘结预应力混凝土结构中的预应力束，如果没有其他保护措施，也应该满足本条规定。如果无粘结预应力筋有孔道和其他的保护措施，要求则不一样。

8）相关问题交流。

（1）为了锚固、耐久性、耐火性能应该加大混凝土保护层厚度，但为何目前不能呢？

因为由于这种做法会直接降低（相同截面）构件的承载能力，而且对裂缝宽度造成不利影响。如何妥善处理这些问题，寻求能够基本满足各方面要求的解决方法，就成了今后研究的课题。国外混凝土结构的耐久性设计比较繁琐，而且保护层厚度普遍都比我们国家大。比如，笔者 2022 年 2 月看到日本某工程，对预制构件梁的保护层规定如图 2-2-10 所示。

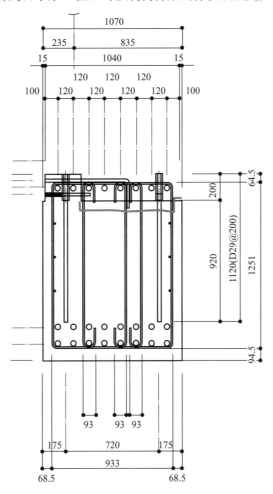

图 2-2-10　梁配筋详图

根据我国传统设计习惯，混凝土结构的耐久性设计比较简单，而且保护层厚度要比国外小很多。如何解决这个矛盾，是相关规范编制不应该回避的问题。

（2）影响因素和设计方法。

综合考虑对混凝土保护层的各种要求，确定影响保护层的因素有：耐久性的环境类别、钢筋直径、混凝土强度、结构部位、构件的暴露情况、施工质量、设计年限等。这些影响因素中，绝大多数的不确定性都很大，难以用定量的方法进行计算分析。

目前，我国保护层的设计方法依然是定性的概念设计，以构造措施的形式和工程经验确定。不过我们知道，现行规范中的混凝土保护层厚度比上一版规范已经有了提高（即加厚）。

9）保护层厚度过厚时，需要采取防开裂措施。

混凝土保护厚度超过50mm时，承载受力以后计算的裂缝宽度就会比较大，并且厚混凝土层如果没有钢筋拉结，开裂以后就容易剥落、下坠伤人等。除厚保护层以外，框架顶端角部钢筋弯弧以外的素混凝土区域，也非常容易在裂缝、破碎后剥落、下坠。因此，必须采取配筋措施，防止混凝土"厚脸皮素面朝天"的现象。

（1）《混凝土规》GB 50010-2010（2015版）第8.2.3条规定：当梁、柱、墙中纵向受力钢筋的保护层厚度大于50mm时，宜对保护层采取有效的构造措施。通常就是在保护层中设置钢筋网片。

如：《混凝土规》第9.2.15条：当梁的混凝土保护层厚度大于50mm且配置表层钢筋网片时，应符合下列规定：

① 表层钢筋宜采用焊接网片，其钢筋直径不宜大于8mm，间距不应大于150mm；网片应设置在梁底和梁侧，梁侧的网片钢筋应延伸至梁高的2/3处。

② 两个方向上表层网片钢筋的截面面积均不小于相应混凝土保护层（图2-2-11阴影部分）面积的1%；

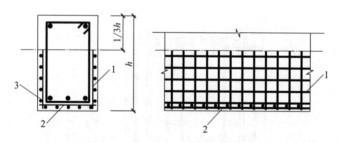

图 2-2-11　配置表层钢筋网片的构造要求

1—梁侧表层钢筋网片；2—梁底表层钢筋网片；3—配置网片钢筋区域

对于柱、墙，当保护层厚度大于50mm时，笔者建议可参考图2-2-12所示在保护层中设置焊接或绑扎钢筋网片，其直径不宜大于8mm，间距不应大于150mm。

（2）注意：框架梁顶边节点的厚保护层如图2-2-13所示，由于通常梁柱框架边节点钢筋是采用搭接方案，这就会造成梁及柱纵向钢筋由于直径较粗，钢筋弯折后形成较厚保护层的角部。一般均需要在角部配置钢筋网片，网片为φ8@150，长度300mm。

10）《混凝土结构工程施工质量验收规范》GB 50204-2015相关条款规定：

（1）第5.5.3条：钢筋安装位置的偏差应符合下列规定：

纵向受力钢筋及箍筋保护层厚度允许偏差：基础±10mm，其他±5mm。

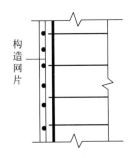

图 2-2-12　墙、柱厚保护层表明配筋

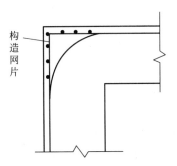

图 2-2-13　框架顶边柱节点配筋

（2）附录 E. 0. 4 钢筋保护层厚度检验时，纵向受力钢筋保护层厚度的允许偏差：对梁类构件为+10mm，-7mm；对板类构件为+8mm，-5mm。

这就是说，只要实测保护层在允许偏差范围之内都是可以的，但笔者认为无论如何均不应小于 15mm。

第3章　材料

3.1　混凝土

3.1.1　结构混凝土用水泥主要控制指标应包括凝结时间、安定性、胶砂强度和氯离子含量。水泥中使用的混合材品种和掺量应在出厂文件中明示。

 延伸阅读与深度理解

1）本条规定了结构混凝土用水泥的基本要求。水泥是混凝土最核心的组分，也是决定混凝土工作性能、力学性能和耐久性能的最基本原材料。

2）配置混凝土最重要的工作之一，就是选择合适的水泥品种和强度等级。因为水泥品种和强度等级不同，其配制的混凝土性能差别非常大，不同的工程、不同的结构部位对混凝土性能及原材料要求不同，不同的环境条件对混凝土性能的影响也不相同。

3）选择水泥品种和强度等级应充分考虑设计要求、结构特点（如构造和配筋情况、构件截面尺寸大小、结构受力特点等）、施工工艺和施工装备情况，以及所处的环境条件和应用特点（如是否有硫酸盐腐蚀、冻融、酸雨、氯离子，是否接触流动水，是否处于干湿交替，是否有动荷载或冲击荷载，是否有疲劳荷载等）。如大体积混凝土跳仓法施工，要求选用中热或低热的水泥品种，优先选用矿渣硅酸盐水泥等。

4）水泥的主要控制指标对水泥生产和进场检验都是关键指标。对于常用的普通硅酸盐水泥，生产中一般都已掺加了混合材料，搅拌站生产预拌混凝土时，通常根据需要掺加矿物掺合料。只有将水泥中的混合材品种和掺量在出厂时予以明示，且保证所使用的混合材质量合格，搅拌站才能对矿物掺合料的混凝土配合比进行针对性设计，以控制混凝土质量。

5）水泥安定性：水泥安定性是反映水泥浆体硬化后体积的变化情况。通常理解为膨胀。安定性不合格会造成水泥制品膨胀开裂，严重的会碎裂等。

水泥的安定性即体积安定性，是指水泥在凝结硬化过程中体积变化的均匀性。如果水泥硬化后产生不均匀的体积变化，即为体积安定性不良。安定性不良会使水泥制品或混凝土构件产生膨胀性裂缝，降低建筑物质量，甚至引起严重事故。

（1）引起水泥安定性不良的原因有很多，主要有以下三种：熟料中所含的游离氧化钙过多、熟料中所含的游离氧化镁过多或掺入的石膏过多。熟料中所含的游离氧化钙或氧化镁都是过烧的，熟化很慢，在水泥硬化后才进行熟化，这是一个体积膨胀的化学反应，会引起不均匀的体积变化，使水泥石开裂。当石膏掺量过多时，在水泥硬化后，它还会继续与固态的水化铝酸钙反应生成高硫型水化硫铝酸钙，体积约增大 1.5 倍，也会引起水泥石开裂。

（2）国家标准规定：水泥安定性经沸煮法检验必须合格；水泥中氧化镁（MgO）含量

不得超过 5.0%，如果水泥经压蒸安定性试验合格，则水泥中氧化镁的含量允许放宽到 6.0%；水泥中三氧化硫（SO_3）的含量不得超过 3.5%。

（3）安定性不合格的水泥应作废品处理，不能用于工程中。

（4）水泥安定性不合格对工程质量的危害：水泥安定性不合格，用于混凝土工程的梁、板、柱及基础等构件，浇筑后凝结缓慢，混凝土表面会出现网状裂缝，无强度。部分裂缝处混凝土酥松，尤其是承重部位的悬挑阳台、悬挑梁板等随时间推移，拆除模板的同时就可能发生断裂或损坏。

6）水泥是混凝土最核心的组分，也是决定混凝土耐久性的关键材料之一。

（1）水泥品种和强度等级应根据设计和施工要求、结构特点以及工程所处环境和应用条件等因素选用。

（2）水泥质量的主要控制项目应包括细度、凝结时间、安定性、胶砂强度、氧化镁和氯离子含量；低碱水泥主要控制项目还应包括碱含量，碱含量不应大于 0.6%；中低热硅酸盐水泥或低热矿渣硅酸盐水泥还应包括水化热指标，且 3d 水化热分别不得大于 230kJ/kg 和 200kJ/kg。结构混凝土用水泥不得在正常使用条件下导致混凝土强度出现倒缩现象。用于人居环境或饮用水等工程时，水泥应控制放射性和重金属浸出毒性。

（3）水泥中使用的混合材质量必须合格，且混合材品种和掺量应在出厂相关文件中明示。

（4）现浇结构混凝土用硅酸盐水泥和普通硅酸盐水泥的比表面积不应大于 $350m^2/kg$。

（5）生产混凝土时的水泥温度不应高于 60℃。

（6）水泥的主要控制项目对水泥生产和进场检验都是关键。中低热硅酸盐水泥或低热矿渣硅酸盐水泥的水化热是控制混凝土早期温度裂缝的重要指标。在正常使用条件下，若因水泥原因导致混凝土强度出现倒缩现象（如 90d 强度低于 28d 强度等）将带来极大的安全和耐久性隐患。用于人居环境或饮用水工程，涉及人身健康和生命安全，应对水泥放射性和重金属浸出性等提出要求。参考规范：《混凝土质量控制标准》GB 50164-2011 相关规定。

（7）提高水泥活性或强度多通过提高水泥细度来实现，水泥（尤其熟料）磨得太细，造成早期水化太快，后期或长期强度无保证，缺少安全储备，容易带来开裂和长期强度倒缩等安全和耐久性隐患。对于现浇结构混凝土工程，因其安全性、体积稳定性和耐久性等要求比较高，应规定水泥细度上限。

（8）生产混凝土时的水泥温度高，造成混凝土入模温度高，水化温升大，易导致温度裂缝，影响混凝土耐久性和安全性等。参考规范：《混凝土质量控制标准》GB 50164-2011 相关规定。

（9）水泥品种选择原则。

一般应根据设计、施工要求以及工程所处环境确定。对于一般建筑结构及预制构件的普通混凝土，宜采用硅酸盐水泥；高强混凝土和有抗冻要求的混凝土宜采用硅酸盐水泥或普通硅酸盐水泥；有预防混凝土碱-骨料反应要求的混凝土工程，宜采用碱含量低于 0.6% 的水泥；大体积混凝土宜采用中、低热硅酸盐水泥或低热矿渣硅酸盐水泥，具有酸性腐蚀环境宜采用抗硫酸盐类水泥。

（10）应用注意事项：

① 水泥应按不同厂家、不同品种和强度等级分批存储，并应采取防潮措施。

② 出现结块的水泥不得用于混凝土工程。

③ 水泥出厂超过 3 个月（硫铝酸盐水泥超过 45d）应进行复检，合格者方可使用。

7）关于我国常用水泥品种及性能特点可以参考笔者已经出版的《建筑结构设计常遇问题及对策》一书，在此不再赘述。

8）控制氯离子的含量。

如果混凝土中含有氯离子，游离的氯离子使钢筋表面的钝化膜破坏，使钢筋具备了锈蚀条件，很少的氯离子就足以长久地促使钢筋快速锈蚀，直至完全锈蚀为止，因此氯离子是混凝土结构耐久性的大敌。

【工程案例】2021 年震惊世界的美国迈阿密塌楼事件对我们的启示。

（1）美国迈阿密海边公寓楼倒塌事件及其原因

2021 年 6 月 24 日凌晨，美国佛罗里达州迈阿密戴德县瑟夫赛德镇一栋公寓楼发生部分倒塌，造成重大人员伤亡事故，事故引起了全世界的广泛关注。据报道，事故楼房为一栋 1981 年建造的 12 层海边公寓，共有 136 套住房，其中 55 套在事故中发生雪崩式坍塌（图 2-3-1，图 2-3-2）。据新浪网 7 月 8 日消息，7 月 7 日已对塌楼停止搜救，事故共造成 54 人死亡，86 人失踪。另据新华社报道，迈阿密戴德县消防救援部门 7 月 23 日宣布结束对遇难者遗体的搜寻行动，事故迄今确认至少 97 人遇难。

截至 2021 年 8 月初，官方尚未公布此次公寓楼倒塌的原因，但是相关报道及专家分析都聚焦在海水对混凝土的腐蚀上。笔者也一直认为海水腐蚀是不可排除的原因之一。2021 年 6 月 26 日，《纽约时报》报道指出，一家名为莫拉比托的建筑工程咨询公司于 2018 年针对该大楼的工程检测报告就指出，公寓泳池边地板下的混凝土结构板有"重大的结构损坏"，地下停车场的柱子、横梁和墙壁大量开裂和崩塌。2021 年 6 月 28 日，《迈阿密先驱报》报道指出，在事发 3 天前一位泳池承包商曾参观过倒塌大楼的地下区域，发现停车场到处都是积水，钢筋发生锈蚀和混凝土存在开裂（图 2-3-3）。2021 年 6 月 28 日，《经济学人》报道认为，气候变化带来的海平面上升，引起海水倒灌，导致公寓建筑地基内部和地基周边区域大量海水长期滞留，对建筑结构中的混凝土和钢筋造成了腐蚀破坏，这是公寓倒塌可能的原因。

图 2-3-1　倒塌公寓所处海边位置

图 2-3-2　公寓楼部分倒塌现场

梁混凝土剥落
钢筋严重锈蚀

图 2-3-3　公寓楼倒塌前地下室积水腐蚀严重

美国国家广播电视台 2021 年 7 月 3 日播发塌楼事件后,地方政府下令对所有 40 年及以上建筑物的档案进行审计。在审计中发现,2021 年 1 月 11 日对北迈阿密一栋 10 层高公寓楼的认证报告中指出,该楼房是不安全的,存在柱子和横梁开裂等结构问题。因此,2021 年 7 月 2 日北迈阿密市政府下令立即关闭这栋大楼并疏散居民。这栋大楼距离 2021 年 6 月 24 日发生倒塌事故的公寓楼仅约 8km。

（2）海洋环境下建筑结构的腐蚀目前仍是世界性难题

海洋环境对混凝土材料有着严重的腐蚀破坏作用。美国联邦公路局公布的数据显示,1998 年美国公路桥梁因混凝土腐蚀导致的费用高达 276 亿美元。美国切萨皮克湾隧桥全长 37km,分南北双向两部分,总投资 2.5 亿美元。1998 年对北向部分 623 个被海水侵蚀破坏的桥墩进行修补,耗资 1250 万美元,历时两年。其他桥墩的侵蚀在进一步扩大,若干年后有待继续维修。日本运输省对 103 座海港码头进行调查后发现,凡是服役超过 20 年的混凝土码头都有严重腐蚀。欧洲调查显示,英格兰和威尔士 75% 的混凝土桥梁受到海水腐蚀，维修费用高达建造费用的两倍。挪威沿海100多座混凝土桥梁和1万多座混凝土码头中，一半以上受到海水腐蚀的影响。我国交通运输部有关单位在调查报告中说明：南部沿海18座使用7～25年的水泥混凝土码头中，有16座存在明显腐蚀现象，9座腐蚀严重；东南沿海22座使用8～32年的码头中，有55.6%的码头其水泥混凝土保护层严重剥落；北方沿海14座使用2～57年的码头中，几乎所有码头都有水泥混凝土腐蚀现象。2020年对建成通车12年的某跨海大桥考察发现，该桥的桥墩、承台、护坡堤等都发生了不同程度的明显腐蚀（图2-3-4）。

护坡混凝土构件发生明显腐蚀

桥墩水位变动区发生明显腐蚀

图2-3-4　运行12年的某跨海大桥已经发生明显的海水腐蚀

　　混凝土结构受到海水腐蚀发生破坏的内在原因是硅酸盐水泥（一般工程常采用的）耐腐蚀性能较差，容易与海水中的某些盐分（如硫酸盐、镁盐等）发生化学反应，从而导致混凝土脱落、开裂，进而导致氯离子入侵、钢筋锈蚀。海洋环境下硅酸盐水泥建筑结构发生腐蚀是普遍性问题，解决这一问题也是世界性难题。使用新型耐腐蚀的水泥是提高混凝土耐海水腐蚀的根本途径。

　　（3）具有高抗海水腐蚀性能的铁铝酸盐水泥

　　铁铝酸盐水泥是20世纪80年代由我国自主发明的一种水泥品种，曾获国家发明二等奖。我国是世界上唯一实现连续工业化生产铁铝酸盐水泥的国家。目前，我国已具备超过1000万t的铁铝酸盐水泥生产能力，并且普通水泥生产线经过简单改造也可以生产铁铝酸盐水泥。铁铝酸盐水泥具有早强、高强、抗冻、抗渗、耐腐蚀等性能特点，尤其是具有优异的抗渗性能和耐海水腐蚀性能。铁铝酸盐水泥混凝土的抗渗性能显著优于同等级的硅酸盐水泥混凝土（表2-3-1）。

水泥混凝土的抗渗性能对比

表2-3-1

混凝土品种	恒压时间(h)				渗透高度 (cm)
	1.5MPa	2.0MPa	2.5MPa	3.0MPa	
铁铝酸盐水泥混凝土	8	8	8	8	5～6

续表

混凝土品种	恒压时间(h)				渗透高度(cm)
	1.5MPa	2.0MPa	2.5MPa	3.0MPa	
普通硅酸盐水泥混凝土	8	0	0	0	12～14
掺膨胀剂硅酸盐水泥混凝土	8	8	8	8	6～8

铁铝酸盐水泥在海南省三亚海边试验站进行长时间海水浸泡试验结果如表2-3-2所示。结果表明,铁铝酸盐水泥试块在三亚海水中浸泡12个月后,其抗折强度非但不降低,反而提高了27%,浸泡24个月后强度提高了36%。而普通硅酸盐水泥试块在海水浸泡下腐蚀严重,即便是改性过的海工硅酸盐水泥,在同一条件下浸泡12个月后抗折强度还是下降了50%,浸泡24个月后下降了52%。

铁铝酸盐水泥与海工硅酸盐水泥抗海水侵蚀系数对比 表2-3-2

水泥品种	养护水	K_{12}	K_{24}
铁铝酸盐水泥	三亚海水	1.27	1.36
海工硅酸盐水泥	三亚海水	0.50	0.48

近40年的海洋工程应用案例验证了铁铝酸盐水泥具有长期耐海水腐蚀性能。福建东山岛1983年用铁铝酸盐水泥抢修的南门海堤在经受了38年的海浪冲刷下依然完好,未见腐蚀迹象(图2-3-5)。与南门海堤同期修建的还有岛上的一座小码头,该码头为高桩梁板结构,海水中的立柱由铁铝酸盐水泥混凝土建造,上方梁板由硅酸盐水泥混凝土建造。2019年现场考察发现,码头的铁铝酸盐水泥立柱经历近四十年的海浪冲刷、干湿交替后依然完好,未出现明显腐蚀;而上方未直接接触海水的硅酸盐水泥梁板则混凝土破损剥落,钢筋锈蚀严重(图2-3-6)。这个工程实例表明,铁铝酸盐水泥具有独特的、优异的长期耐海水腐蚀性能。

图2-3-5 用铁铝酸盐水泥修建的东山岛南门海堤

当然,除了海洋工程外,铁铝酸盐水泥还在房屋建筑工程和市政工程中早已应用。

(a)

(b)

图 2-3-6　东山岛上利用铁铝酸盐水泥和硅酸盐水泥修建的小码头

1993 年施工的 22 层沈阳电信枢纽工程全部主体结构；1994 年施工的 28 层辽宁物产科贸大楼主体结构（图 2-3-7）；1994 年修建的北京西三环航天桥 "Y" 形墩柱、预应力钢筋混凝土盖梁（图 2-3-8）等。这些建筑结构工程的应用案例表明，铁铝酸盐水泥用于建筑结构是长期安全可靠的。

图 2-3-7　辽宁物产科贸大楼

图 2-3-8　北京西三环航天桥"Y"形墩柱

（4）提高沿海建筑工程安全性的材料解决方案

在"海洋强国"和"一带一路"倡议下，沿海经济带快速发展。我们必须提高沿海建筑的混凝土耐腐蚀性能，提升沿海建筑的安全性，保证人民群众生命财产安全。建议在沿海建筑新建工程和修缮工程中推广应用具有优异耐海水腐蚀性能的铁铝酸盐水泥，大幅度提升建筑的耐海水腐蚀能力，减少建筑物受海水腐蚀破坏的风险和降低维修维护成本。①使用铁铝酸盐水泥替代硅酸盐水泥生产高强预应力管桩，解决沿海建筑桩基础因海水腐蚀而造成的承载力下降甚至破坏的问题。②使用铁铝酸盐水泥替代硅酸盐水泥建设沿海建筑中梁、柱等重要承重结构，解决沿海建筑梁、柱等关键承重结构因海水腐蚀而造成的承载力下降甚至破坏的问题。③开展铁铝酸盐水泥在沿海建筑工程中的应用示范及相关研究工作，建立完善的应用技术标准规范体系。

3.1.2 结构混凝土用砂应符合下列规定：

1 砂的坚固性指标不应大于10%；对于有抗渗、抗冻、抗腐蚀、耐磨或其他特殊要求的混凝土，砂的含泥量和泥块含量分别不应大于3.0%和1.0%，坚固性指标不应大于8%；高强混凝土用砂的含泥量和泥块含量分别不应大于2.0%和0.5%；机制砂应按石粉的亚甲蓝值指标和石粉的流动比指标控制石粉含量。

2 混凝土结构用海砂必须经过净化处理。

3 钢筋混凝土用砂的氯离子含量不应大于0.03%，预应力混凝土用砂的氯离子含量不应大于0.01%。

 延伸阅读与深度理解

1）砂是混凝土用的细骨料，细骨料质量主要控制项目应包括颗粒级配、细度模数、含泥量、泥块含量、坚固性、氯离子含量和有害物质含量；海砂的主要控制项目还应包括贝壳含量；人工砂的主要控制项目还应包括石粉含量和压碎值指标。

2）不同来源的砂，其成分、矿物和质量有很大差别，明确其主要质量指标，以便于质量控制。随着天然砂枯竭或禁采，结构混凝土人工砂或机制砂是大势所趋。人工砂或机制砂的石粉、压碎指标不合理将显著影响混凝土性能。参考规范：《混凝土质量控制标准》GB 50164-2011。

3）砂的含泥和坚固性对混凝土质量和耐久性影响较大，是应该控制的关键指标。参考规范：《混凝土质量控制标准》GB 50164-2011。

4）对于高强混凝土，含泥量和泥块含量要求更严。高强混凝土胶凝材料用量大，水胶比低，早期收缩相对较大，为保证其强度、耐久性和体积稳定性等，必须严格控制含泥量和泥块含量等关键指标。参考规范：《混凝土质量控制标准》GB 50164-2011。

5）坚固性检验是保证粗骨料性能稳定的重要方法。注意，《混凝土质量控制标准》GB 50164-2011里是"坚固性检验的质量损失不应大于8%"，本规范有"坚固性指标不应大于8%"。笔者认为本规范少了"损失"有误。

6）混凝土用砂的氯离子含量不应大于0.02%。氯离子超标将会给钢筋混凝土带来灾难性后果，控制氯离子含量是保证钢筋混凝土和预应力混凝土安全性和耐久性的关键环节之一。尤其是在现场施工质量还依赖于人工的情况下，控制原材料氯离子含量至关重要。参考规范：《混凝土质量控制标准》GB 50164-2011及《混凝土结构工程施工规范》GB 50666-2011。

7）混凝土用海砂必须经净化处理，净化后的海砂中的氯离子含量不应大于 0.03%；海砂不得用于预应力混凝土。海砂均指净化后的海砂，未经净化的海砂不得用于结构混凝土。海砂用于结构混凝土必须进行净化并保证氯离子含量满足要求；由于预应力结构的重要性、敏感性、海砂净化的质量波动性、追求利益以及其他不可控因素等，海砂用于预应力混凝土安全隐患太大。参考规范：《混凝土质量控制标准》GB 50164-2011 及《海砂混凝土应用技术规范》JGJ 206-2010。

8）人工砂中的石粉最高含量应符合表 2-3-3 的规定，当石粉含量超出表中限值时，必须有充分试验验证数据或工程案例论证资料，并按规定程序论证后才能使用。

人工砂石粉含量（%）　　　　　　　　　　表 2-3-3

混凝土强度等级		＞C60	C30～C55	＜C30
石粉含量（不大于）	MB＜1.4	5.0	7.0	10.0
	MB≥1.4	2.0	3.0	5.0

注：MB 值为用于判定机制砂中粒级小于 $75\mu m$ 颗粒的吸附性能的指标。

9）结构混凝土应采用级配良好的砂。不应单独采用特细砂或特粗砂作为细骨料配制混凝土。当单一砂源的级配不良时，应采用掺配技术将其细度模数调整为 2.3～3.0 之间。

10）天然砂应进行碱硅酸反应活性检验；人工砂应进行碱硅酸和碱碳酸盐反应活性检验；在盐渍土、海水和受除冰盐作用等环境中，重要结构的混凝土不应采用有碱活性的砂。

特别说明：大家对海砂有个误解，认为只要是海砂就不能用于工程建设。其实海砂作为一种资源丰富的建筑原材料，是可以用于建筑工程的，但必须经过严格的控制和科学的使用。

为了规范海砂使用，住房城乡建设部已经颁布了若干份技术标准和规范，明确规定配置混凝土的海砂必须经过净化处理，主要是对海砂中氯离子和残余杂质进行处理。如《海砂混凝土应用技术规范》JGJ 206-2010 中就明确了海砂使用标准，"水溶性氯离子含量（%，按质量计），指标≤0.03"。另外，国家相关技术标准对海砂若干物理性能的指标上的提法，比普遍用于混凝土的砂石标准更高，就意味着如果用海砂配置混凝土，会比普通砂要求更高。

11）"谈海砂色变"缘何而来？

关于海砂，一直以来人们都"谈海砂色变"，为何使用海砂会让人们如此担忧？

海砂，是指受海水侵蚀而没有经过淡化处理的砂，多来自海水和河流交界的地方。在人们的通常认知中，海砂的危害是由于其氯离子含量过高会侵蚀钢筋，使钢筋生锈，钢筋生锈以后，钢筋体积会增大，最大可以达到原来体积的 6 倍。钢筋体积增大会使得钢筋周围包裹的混凝土胀裂、脱落。然而，海砂的危害并不止于此。

海砂的危害可以从三个方面来看：海砂含盐分高，极易出现氯离子腐蚀钢筋的情况；氯盐结晶膨胀会加速混凝土碳化；贝壳含量高会明显使混凝土的和易性变差，使混凝土的抗拉、抗压、抗折强度及抗冻性、抗磨性、抗渗性等耐火性能均有所下降。

具体来说，钢筋和混凝土两者不仅在力学性能上"珠联璧合"，在耐久性能上也是"天造地设"。众所周知，钢筋在水和氧气的作用下容易生锈，而包裹在钢筋周围的混凝土恰恰起到了保护钢筋免遭锈蚀的作用。

然而，砂石中掺杂的氯离子是钢筋与混凝土这对好友的"破坏者"。由于氯离子的活性很强，如果其浓度大到一定程度，那么就可以渗透过钢筋表层的钝化膜，与钢筋发生反应，形成易溶的氯化亚铁，也就是游离的亚铁离子和氯离子。一旦钝化膜被破坏，钢筋完全暴露，钢筋腐蚀由此开始，而整个锈蚀过程一旦开始就不会停止。另外，海砂中贝壳类等物质含量较多时，会使混凝土产生龟裂，对混凝土的耐久性影响极大。

故而，直观点来讲，海砂会使房屋和公共建筑出现腐蚀劣化，且在短短几年内使墙体遭到严重破坏，成为不折不扣的"危楼"。尤其是未淡化的海砂对于工程建筑的伤害是非常明显的。深圳市前些年比比皆是的"海砂危楼"，正是使用非法海砂的受害者。因此，住房城乡建设部发布《关于开展2021年预拌混凝土质量及海砂使用专项抽查的通知》，可视为海砂使用整治的有力举措。

12）钢管混凝土内的混凝土可以采用海砂。

随着河砂资源的日益匮乏，应用海砂已经成为一种趋势，用海砂代替河砂使用可以保护环境，节约资源。实心钢管混凝土构件内混凝土的腐蚀作用较弱，可应用海砂混凝土。

3.1.3 结构混凝土用粗骨料的坚固性指标不应大于12%；对于有抗渗、抗冻、抗腐蚀、耐磨或其他特殊要求的混凝土，粗骨料中含泥量和泥块含量分别不应大于1.0%和0.5%，坚固性指标不应大于8%；高强混凝土用粗骨料的含泥量和泥块含量分别不应大于0.5%和0.2%。

 延伸阅读与深度理解

1）结构混凝土用粗骨料应符合下列规定：

（1）粗骨料质量的主要控制项目应包括颗粒级配、针片状颗粒含量、含泥量、泥块含量、压碎指标和坚固性。

不同来源的粗骨料，其成分、矿物和质量有很大差别，明确其主要质量指标，以便于质量控制规定。参考规范：《混凝土质量控制标准》GB 50164-2011相关规定。

（2）生产混凝土用粗骨料应采用连续级配或采用多粒级掺配技术保证级配。

连续级配有利于混凝土质量稳定和保证。连续级配可由供货方保证，也可由混凝土生产单位采购不同粒级的骨料，组合成符合标准要求的连续级配混合骨料。参考规范：《混凝土质量控制标准》GB 50164-2011。

（3）粗骨料最大公称粒径不得大于构件截面尺寸的1/4，且不得大于钢筋最小净间距的3/4；对混凝土实心板，粗骨料的最大公称粒径不应大于板厚的1/3，且不得大于40mm；对于大体积混凝土，粗骨料最大公称粒径不应小于31.5mm。

粗骨料最大公称粒径跟使用的结构部位、配筋情况、混凝土强度等级和施工工艺等都有关系，选择合适的公称粒径有利于保证混凝土质量。参考规范：《混凝土质量控制标准》GB 50164-2011。

（4）对于有抗渗、抗冻、抗腐蚀、耐磨或其他特殊要求的混凝土，粗骨料中含泥量和泥块含量分别不应大于 1.0% 和 0.5%，坚固性检验的质量损失不应大于 8%。

含泥量、泥块含量以及坚固性检验指标对混凝土耐久性影响较大。参考规范：《混凝土质量控制标准》GB 50164-2011 相关规定。

（5）对于高强混凝土，粗骨料的岩石抗压强度应高于混凝土设计强度等级值，最大公称粒径不应大于 25mm，含泥量和泥块含量分别不应大于 0.5% 和 0.2%。混凝土强度等级 C80 以上，粗骨料的针片状颗粒含量不应大于 5%，混凝土强度等级 C60～C80 之间，粗骨料的针片状颗粒含量不应大于 8%。

高强混凝土对粗骨料母岩强度有较高要求，母岩强度低，不易满足配制强度要求，即使满足配制强度要求，也可能导致胶凝材料用量高，一则不经济，二则影响混凝土性能和质量。含泥量和泥块含量对高强混凝土性能影响很敏感。针片状含量过高，混凝土质量不容易保证。参考规范：《混凝土质量控制标准》GB 50164-2011 相关规定。

（6）对于粗骨料或用于制作粗骨料的岩石，应进行碱活性检验，包括碱硅酸盐反应活性和碱碳酸盐反应活性检验。在盐渍土、海水和受除冰盐作用等含碱环境中，重要结构的混凝土不应采用有碱活性的粗骨料。

碱骨料反应的危害在于预防，使用非活性骨料是首选安全方法。参考规范：《混凝土质量控制标准》GB 50164-2011 相关规定。

2）泵送混凝土为什么要控制粗骨料针片状含量？

针片状粗骨料抗折强度比较低，且粗骨料间粘结强度下降，其含量高时，因而致使混凝土强度下降。对于预拌混凝土来说，针片状含量高，会使粗骨料粒形不好，从而使混凝土流动性下降，同时针片状骨料很容易在管道处堵塞，造成堵泵，甚至爆管。因此，泵送混凝土要求其针片含量≤8%，高强度混凝土要求则更高。

3）为什么配制高强度混凝土时应采用粒径小一些的石子？

随着粗骨料粒径加大，其与水泥浆体的粘结削弱，增加了混凝土材料内部结构的不连续性，导致混凝土强度降低。粗骨料在混凝土中对水泥收缩起着约束作用。由于粗骨料与水泥浆体的弹性模量不同，因而在混凝土内部产生拉应力。此拉应力随粗骨料粒径的增大而增大，并会导致混凝土强度降低。随着粗骨料粒径的增大，在粗骨料界面过渡区的 $Ca(OH)_2$ 晶体的定向排列程度增大，使界面结构削弱，从而降低了混凝土强度。

试验表明：混凝土中粒径 15～25mm 粗骨料周围界面裂纹宽度为 0.1mm 左右，裂缝长度为粒径周长的 2/3，界面裂纹与周围水泥浆中的裂纹连通的较多；而粒径 5～10mm 粗骨料混凝土中，界面裂纹宽度较均匀，仅为 0.03mm，裂纹长度仅为粒径周长的 1/6。粒径大小不同的粗骨料，混凝土硬化后在粒径下部形成的水囊积聚量也不同，大粒径粗骨料下部水囊大而多，水囊中的水蒸发后，其下界面形成的界面缝必然比小粒径的宽，界面强度就低。

4）为什么同样配合比混凝土，卵石混凝土比碎石混凝土强度低 3～4MPa？

粗骨料的表面粗糙，有利于水泥浆与骨料的界面强度。根据试验，卵石配制的混凝土由于其含风化石较多，本身压碎指标低于碎石，而且表面光滑，界面强度低，因此，由其配制的混凝土强度会比同配比碎石混凝土低 3～4MPa。

5）这里的高强混凝土是指混凝土强度等级大于 C60 的混凝土。

3.1.4 结构混凝土用外加剂应符合下列规定:

1 含有六价铬、亚硝酸盐和硫氰酸盐成分的混凝土外加剂,不应用于饮水工程中建成后与饮用水直接接触的混凝土。

2 含有强电解质无机盐的早强型普通减水剂、早强剂、防冻剂和防水剂,严禁用于下列混凝土结构:

1) 与镀锌钢材或铝材相接触部位的混凝土结构;

2) 有外露钢筋、预埋件而无防护措施的混凝土结构;

3) 使用直流电源的混凝土结构;

4) 距离高压直流电源100m以内的混凝土结构。

3 含有氯盐的早强型普通减水剂、早强剂、防水剂和氯盐类防冻剂,不应用于预应力混凝土,钢筋混凝土和钢纤维混凝土结构。

4 含有硝酸铵、碳酸铵的早强型普通减水剂、早强剂和含有硝酸铵、碳酸铵、尿素的防冻剂,不应用于民用建筑工程。

5 含有亚硝酸盐、碳酸盐的早强型普通减水剂、早强剂、防冻剂和含有硝酸盐的阻锈剂,不应用于预应力混凝土结构。

 延伸阅读与深度理解

以上条款由《混凝土外加剂应用技术规范》GB 50119-2013 第 3.1.3,3.1.4,3.1.5,3.1.6,3.1.7 条合并而来(均为强制性条文)。

1) 因含有六价铬、亚硝酸盐和硫氰酸盐成分的混凝土外加剂对人类健康有害的物质,常用作早强剂等外加剂,也可与减水剂组分复合应用。当含有这些组分的外加剂或该组分直接掺入用于饮水工程中建成后与饮用水直接接触的混凝土时,这些物质在流水的冲刷、渗透作用下会溶入水中,造成水质的污染,人饮用后会对健康造成危害。

如设计饮用水水池时,要特别注意这个问题。

2) 这些外加剂成分和混凝土使用条件会造成金属锈蚀和混凝土性能劣化,会导致镀锌钢材、铝材等金属件发生锈蚀,生成的金属氧化物体积膨胀,进而导致混凝土的胀裂。强电解质无机盐在水存在的情况下会水解为金属离子和酸根离子,这些离子在直流电的作用下会发生定向迁移,使得这些离子在混凝土中分布不均匀,容易造成混凝土性能劣化,导致工程安全问题。

3) 这些外加物质会造成混凝土耐久性和安全性隐患。混凝土中的氯离子渗透到钢筋表面,会导致混凝土结构中的钢筋发生电化学锈蚀,进而导致结构的膨胀破坏,会对混凝土结构质量造成重大影响。

4) 这些物质在碱性条件下会释放刺激性气体,造成环境污染和影响。硝酸铵、碳酸铵和尿素在碱性条件下能释放出刺激性气味的气体,长期难以消除,直接危害人体健康,造成环境污染。

5) 这些物质会造成预应力筋腐蚀和晶格腐蚀,导致安全性和耐久性隐患。

参考规范:《混凝土外加剂应用技术规范》GB 50119-2013 相关规定。

3.1.5 **混凝土拌合用水应控制 pH、硫酸根离子含量、氯离子含量、不溶物质含量、可溶物含量；当混凝土骨料具有碱活性时，还应控制碱含量；地表水、地下水、再生水在首次使用前应检测放射性。**

 延伸阅读与深度理解

混凝土用水应符合下列规定：

1）混凝土用水应符合现行国家和行业标准的有关规定。

2）混凝土用水的主要控制项目应包括 pH 值、不溶物含量、可溶物含量、硫酸根离子含量、氯离子含量、水泥凝结时间差和水泥胶砂强度变化比。当混凝土骨料为碱活性时，主要控制项目还应包括碱含量。

3）未经处理的海水严禁用于钢筋混凝土和预应力混凝土。海水含有大量的氯盐，会引起严重的钢筋锈蚀，且氯离子锈蚀钢筋的潜伏期很长，危及混凝土结构的安全性。

4）符合饮用水标准的水可以直接应用于混凝土搅拌。

5）搅拌站洗涮设备的再生水用于结构混凝土前，应进行验证试验，确保其对混凝土力学性能、体积稳定性和耐久性没有负面影响。当骨料具有碱活性时，混凝土用水不得采用混凝土企业生产设备洗涮水。

6）地表水、地下水、再生水在首次使用前应该进行放射性检测。其放射性应符合现行国家标准的规定。

参考规范：《混凝土用水标准》JGJ 63-2006 相关规定。

3.1.6 **结构混凝土配合比设计应按照混凝土的力学性能、工作性能和耐久性能要求确定各组成材料的种类、性能及用量要求。当混凝土用砂的氯离子含量大于 0.003% 时，水泥的氯离子含量不应大于 0.025%，拌合用水的氯离子含量不应大于 250mg/L。**

 延伸阅读与深度理解

1）本条实际是本规范第 2.0.7 条的细化规定。

2）混凝土配合比设计的主要任务是根据结构设计要求的强度、施工条件、环境类别以及工程实践经验等，选择合适的原材料品种，确定各种原材料的质量要求以及配合比参数，并据此进行试配、调整、优化，直到得出满足混凝土力学性能、工作性能和耐久性要求的经济性好、技术先进且易于实现的施工配合比。

（1）胶凝材料品种、水胶比、粗（细）骨料质量及级配、混凝土拌合用水量、外加剂品种和掺合料品种及掺量等都是影响混凝土配合比的影响要素。

（2）由于氯离子严重影响混凝土结构的耐久性，规范对各种材料氯离子含量进行了明确规定，混凝土结构必须严格控制。

（3）混凝土配合比设计应采用实际工程使用的原材料，并应满足国家现行标准的有关要求。

（4）配合比设计应以干燥状态骨料为基准，细骨料含水率应小于 0.5%，粗骨料含水率应小于 0.2%。

3）几种常用有特殊要求的混凝土配合比。

（1）抗渗混凝土

① 抗渗混凝土的原材料应符合下列规定：

A. 水泥宜采用普通硅酸盐水泥；

B. 粗骨料宜连续级配，其最大公称粒径不宜大于 40.0mm，含泥量不得大于 1.0%，泥块含量不得大于 0.5%；

C. 细骨料宜采用中砂，含泥量不得大于 3.0%，泥块含量不得大于 1.0%；

D. 抗渗混凝土宜掺用外加剂和矿物掺合料；粉煤灰应采用 F 类，并不应低于 II 类。

② 抗渗混凝土配合比应符合下列规定：

A. 最大水胶比应符合表 2-3-4 的规定；控制最大水胶比是抗渗混凝土配合比设计的重要法则。

B. 每立方米混凝土中的胶凝材料用量不宜小于 320kg；胶结材料用量太少对抗渗性能也很不利。

C. 砂率宜为 35%～45%。

抗渗混凝土最大水胶比 表 2-3-4

设计抗渗等级	最大水胶比	
	C20～C30	C30 以上混凝土
P6	0.60	0.55
P8～P12	0.55	0.50
＞P12	0.50	0.45

③ 抗渗混凝土掺用引气剂或引气型外加剂的，应进行含气量试验，含气量宜控制在 3.0%～5.0%。在抗渗混凝土中加入引气剂有利于提高抗渗性能。

（2）抗冻混凝土

① 抗冻混凝土的原材料应符合下列规定：

A. 应采用硅酸盐水泥或普通硅酸盐水泥。目前一般寒冷地区或严寒地区都这样采用。

B. 粗骨料宜连续级配，其含泥量不得大于 1.0%，泥块含量不得大于 0.5%。

C. 细骨料含泥量不得大于 3.0%，泥块含量不得大于 1.0%。

D. 粗、细骨料均应进行坚固性试验，并应符合现行行业标准《普通混凝土用砂、石质量及检验方法标准》JGJ 52 的相关规定。

E. 抗冻等级小于 F100 的抗冻混凝土宜掺用引气剂。

F. 在钢筋混凝土和预应力混凝土中不得掺用含有氯盐的防冻剂；在预应力混凝土中不得掺用含有亚硝酸盐或碳酸盐的防冻剂；

② 抗冻混凝土配合比应符合下列规定：

A. 最大水胶比和最小胶凝材料用量应符合表 2-3-5 的规定。

最大水胶比和最小胶凝材料用量　　　　　　　　　　表 2-3-5

设计抗冻等级	最大水胶比		最小胶凝材料用量（kg/m³）
	无引气剂时	掺引气剂时	
F50	0.55	0.60	300
F100	0.50	0.55	320
不低于 F150	—	0.50	350

水胶比大则混凝土密实性差，对抗冻性能不利，所以必须控制最大的水胶比。

B. 复合矿物掺合料掺量宜符合表 2-3-6 的规定。

复合矿物掺合料最大掺量　　　　　　　　　　表 2-3-6

水胶比	最大掺量（%）	
	采用硅酸盐水泥时	采用普通硅酸盐水泥时
≤0.40	60	50
>0.40	50	40

注：1. 采用其他通用硅酸盐水泥时，可将水泥混合材掺量之 20% 以上的混合材计入矿物掺合料；

2. 复合矿物掺合料中各矿物掺合料组分的掺量不宜超过表中单掺时的限量。

C. 掺用引气剂的混凝土最小含气量应符合表 2-3-7 的规定。

掺用引气剂的混凝土最小含气量　　　　　　　　　　表 2-3-7

粗骨料最大公称粒径（mm）	混凝土最小含气量（%）	
	潮湿或水位变动的寒冷和严寒环境	盐冻环境
40.0	4.5	5.0
25.0	5.0	5.5
20.0	5.5	6.0

注：含气量为气体占混凝土体积的百分比。

（3）高强混凝土

① 高强混凝土的原材料应符合下列规定：

A. 应采用硅酸盐水泥或普通硅酸盐水泥；

B. 粗骨料宜采用连续级配，其最大公称粒径不宜大于 25.0mm，针片状颗粒含量不宜大于 5.0%，含泥量不应大于 0.5%，泥块含量不应大于 0.2%；

C. 细骨料的细度模数宜为 2.6～3.0，含泥量不应大于 2.0%，泥块含量不应大于 0.5%；

D. 宜采用减水率不小于 25% 的高性能减水剂；

E. 宜复合掺用粒化高炉矿渣粉、粉煤灰和硅灰等矿物掺合料；粉煤灰等级不应低于Ⅱ级；对强度等级不低于 C80 的高强混凝土宜掺用硅灰。

② 高强混凝土配合比应经试验确定，高强混凝土设计配合比确定后，尚应用该配合比进行不少于三盘混凝土的重复试验，每盘混凝土应至少成型一组试件，每组混凝土的抗压强度不应低于配制强度。

③ 高强混凝土抗压强度宜采用标准试件，使用非标准尺寸试件时，尺寸折算系数应经试验确定。

（4）泵送混凝土

① 泵送混凝土所采用的原材料应符合下列规定：

A. 泵送混凝土宜选用硅酸盐水泥、普通硅酸盐水泥、矿渣硅酸盐水泥和粉煤灰硅酸盐水泥。

B. 粗骨料宜采用连续级配，其针片状颗粒含量不宜大于 10%，粗骨料的最大公称粒径与输送管径之比宜符合表 2-3-8 的规定。

粗骨料的最大公称粒径与输送管径之比　　　　　　　　表 2-3-8

粗骨料品种	泵送高度（m）	粗骨料最大公称粒径与输送管径之比
碎石	＜50	≤1:3.0
	50～100	≤1:4.0
	＞100	≤1:5.0
卵石	＜50	≤1:2.5
	50～100	≤1:3.0
	＞100	≤1:4.0

C. 细骨料宜采用中砂，其通过公称直径 $315\mu m$ 筛孔的颗粒含量不宜少于 15%。

D. 泵送混凝土应掺用泵送剂或减水剂，并宜掺用矿物掺合料。

② 泵送混凝土配合比应符合下列规定：

A. 泵送混凝土的胶凝材料用量不宜小于 $300kg/m^3$。

B. 泵送混凝土的砂率宜为 35%～45%。

③ 泵送混凝土试配时应考虑坍落度经时损失；泵送混凝土出机到泵送时间段内的坍落度经时损失可以通过调整外加剂进行控制，通常坍落度经时损失控制在 30mm/h 以内比较好。

（5）大体积混凝土

① 大体积混凝土所用的原材料应符合下列规定：

A. 水泥宜采用中、低热硅酸盐水泥或低热矿渣硅酸盐水泥，水泥的 3d 和 7d 水化热应符合现行国家标准《中热硅酸盐水泥、低热硅酸盐水泥》GB/T 200 的规定。当采用硅酸盐水泥或普通硅酸盐水泥时，应掺加矿物掺合料，胶凝材料的 3d 和 7d 水化热分别不宜大于 240kJ/kg 和 270kJ/kg；

B. 粗骨料宜连续级配，最大公称粒径不宜小于 31.5mm，其含泥量不应大于 1.0%；

C. 细骨料宜采用中砂，含泥量不应大于 3.0%；

D. 宜掺用矿物掺合料和缓凝型减水剂。

② 当设计采用混凝土 60d 或 90d 龄期强度时，宜采用标准尺寸试件进行抗压强度试验。

③ 大体积混凝土配合比应符合下列规定：

A. 水胶比宜 0.40～0.45，拌合用水量不宜大于 $170kg/m^3$；

B. 胶结材料总量不宜大于 $350kg/m^3$，水泥用量不应大于 $240kg/m^3$；

C. 在保证混凝土性能要求的前提下，宜提高混凝土中的粗骨料用量，一般不宜低于 $1050kg/m^3$。

④ 混凝土拌合物浇筑时入模坍落度宜控制在 120～160mm。

3.1.7 结构混凝土采用的骨料具有碱活性及潜在碱活性时，应采取措施抑制碱骨料反应，并应验证抑制措施的有效性。

 延伸阅读与深度理解

1）混凝土碱骨料反应：混凝土中的碱（包括外界渗入的碱）与骨料中的碱活性矿物成分发生化学反应，导致混凝土膨胀开裂等现象。

2）碱活性：骨料在混凝土中与碱发生反应产生膨胀并对混凝土具有潜在危害的特性。

3）抑制骨料碱-硅酸反应活性有效性试验应按现行国家标准《预防混凝土碱骨料反应技术规范》GB/T 50733-2011 附录 A 的规定执行，试验结果 14d 膨胀率小于 0.03％可判断为抑制骨料碱硅酸反应活性有效。

4）预防混凝土碱骨料反应的技术措施：

（1）混凝土工程宜采用非碱活性骨料。

（2）在勘察和选择采料场时，应对制作骨料的岩石或骨料进行碱活性检验。

（3）对快速砂浆棒法检验结果膨胀率不小于 0.10％的骨料。

（4）在盐渍土、海水和受除冰盐作用等含碱环境中，重要结构的混凝土不得采用碱活性骨料。

（5）具有碱-碳酸盐反应活性的骨料不得用于配制混凝土。

（6）宜采用碱含量不大于 0.6％的通用硅酸盐水泥。

（7）应采用 F 类的 I 级或 II 级粉煤灰，碱含量不宜大于 2.5％。

（8）宜采用碱含量不大于 1.0％的粒化高炉矿渣粉。

（9）宜采用二氧化硅含量不小于 90％、碱含量不大于 1.5％的硅灰。

（10）应采用低碱含量的外加剂。

（11）应采用碱含量不大于 1500mg/L 的拌合用水。

（12）混凝土碱含量不应大于 3.0kg/m³。

参考规范：《预防混凝土碱骨料反应技术规范》GB/T 50733-2011 相关规定。

3.1.8 结构混凝土中水溶性氯离子最大含量不应超过表 3.1.8 的规定值。计算水溶性氯离子最大含量时，辅助胶凝材料的量不应大于硅酸盐水泥的量。

表 3.1.8 结构混凝土中水溶性氯离子最大含量

环境条件	水溶性氯离子最大含量（％,按胶凝材料用量的质量百分比计）	
	钢筋混凝土	预应力混凝土
干燥环境	0.30	0.06
潮湿但不含氯离子的环境	0.20	
潮湿且含有氯离子的环境	0.15	
除冰盐等侵蚀性物质的腐蚀环境、盐渍土环境	0.10	

延伸阅读与深度理解

1）以前混凝土氯离子含量采用原材料含量累加，因检验对象不同，不利于质量控制。本规范采用实测混凝土的氯离子含量并加以控制，更容易保证混凝土质量。

2）本条规定了混凝土中水溶性氯离子含量限值及计算方法，指标要求与国家现行有关标准、国外先进标准大体相当，对钢筋混凝土个别情况的氯离子限制指标有所加严。

3）计算混凝土氯离子含量时，采用氯离子与胶凝材料的质量百分比计算，并且用计算的胶凝材料中，辅助胶凝材料（主要是指粉煤灰、硅灰、粒化矿渣粉等具有胶凝活性的矿物掺合料）的总量不应大于硅酸盐水泥的量，即辅助胶凝材料的总量不应大于胶凝材料总量的50%。

4）混凝土中水溶性氯离子含量与混凝土的材料组成和胶凝材料水化反应过程有关，一部分水溶性氯离子会在混凝土硬化过程中被胶凝材料的水化物所固化。因此，检测硬化混凝土的水溶性氯离子含量时，与混凝土的龄期有关。

3.2　钢筋

3.2.1　普通钢筋的材料分项系数取值不应小于表 3.2.1 的规定。

表 3.2.1　普通钢筋的材料分项系数最小取值

钢筋种类	光圆钢筋	热轧钢筋		冷轧带肋钢筋
强度等级（MPa）	300	400	500	—
材料分项系数	1.10	1.10	1.15	1.25

 延伸阅读与深度理解

1）本通用规范和以前规范有所不同，直接给出普通钢筋的材料分项系数；所谓材料分项系数，就是指材料强度标准值与材料强度设计值之比。

2）本条规定了普通钢筋材料分项系数取值的下限要求。对 500MPa 级高强钢筋，考虑压弯构件、受弯构件在钢筋所在位置混凝土压应变限值对钢筋抗压强度发挥的影响，适当留有材料的安全储备，其材料分项系数的最小取值为 1.15。

3）冷轧带肋钢筋其生产质量的稳定性与热轧钢筋相比有一定的差距，同时因为其经过冷轧处理后极限强度提高较多，为保证材料的安全概率性，其材料分项系数最小取值为 1.25。

4）普通钢筋一般采用屈服强度标志。屈服强度标准值 f_{yk} 相当于钢筋标准中的屈服强度特征值 R_{eL}。

3.2.2　热轧钢筋、余热处理钢筋、冷轧带肋钢筋及预应力筋的最大力总延伸率限值不应小于表 3.2.2 的规定。

表 3.2.2　热轧钢筋、冷轧带肋钢筋及预应力筋的最大力总延伸率限值 δ_{gt}（%）

牌号或种类	热轧钢筋				冷轧带肋钢筋		预应力筋	
	HPB300	HRB400 HBRF400 HRB500 HRBF500	HRB400E HRB500E	RRB400	CRB550	CRB600H	中强度预应力钢丝、预应力冷轧带肋钢筋	消除应力钢丝、钢绞线、预应力螺纹钢筋
δ_{gt}	10.0	7.5	9.0	5.0	2.5	5.0	4.0	4.5

 延伸阅读与深度理解

1）为保证混凝土结构与构件的延性，对普通钢筋、预应力筋提出最大力总延伸率要求。

2）根据我国钢筋标准，将最大力总延伸率 δ_{gt} 作为控制钢筋延性的指标。最大力下总伸长率 δ_{gt} 不受断口-颈缩区域局部变形的影响，反映了钢筋拉断前达到最大力（极限强度）时的均匀应变，故又称均匀伸长率。

3）对中强度预应力钢丝，钢筋标准规定其最大力总伸率 δ_{gt} 为 2.5%。但当中强度预应力钢丝用于预应力混凝土结构中的受力钢筋时，现行国家标准规定其最大力总伸率 δ_{gt} 需为 3.5%。本规范规定其最大力总延伸率不应小于 4.0%，适当提高。

4）均匀伸长率：为保证结构安全，规范对不同钢筋提出不同的延性要求。规范规定的最小值与相应的钢筋产品标准及国外规范相同。一般情况下都能达到，并且有相当的富裕量。

5）常用钢筋标准及牌号标志：

HPB300，强度等级为 300MPa 的热轧光圆钢筋。

HRB400，强度等级为 400MPa 的普通热轧带肋钢筋。

HRB500，强度等级为 500MPa 的普通热轧带肋钢筋。

RRB400，强度等级为 400MPa 的余热热轧带肋钢筋。

HRBF400，强度等级为 400MPa 的细晶粒热轧带肋钢筋。

HRBF500，强度等级为 500MPa 的细晶粒热轧带肋钢筋。

HRB400E，强度等级为 400MPa 且有较高抗震性能的普通热轧带肋钢筋。

HRB500E，强度等级为 500MPa 且有较高抗震性能的普通热轧带肋钢筋。

CRB550，强度等级为 550MPa 冷轧带肋钢筋。

CRB600H，强度等级为 600MPa 高延性冷轧带肋钢筋。

说明：HRB、RRB、HRBF 三种高强钢筋，在材料力学性能、施工适应性以及可焊性方面，以微合金化钢筋（HRB）为最可靠。细晶粒钢筋（HRBF）其强度指标与延性性能都能满足要求，可焊性一般。而余热处理钢筋（RRB）其延性较差，可焊性差，加工适应性也较差。

6）各类钢筋的合理使用：

（1）纵向受力钢筋

强度等级为 400MPa、500MPa 的钢筋作大跨、重载结构（如公共工程、高层建筑等）

及梁、柱、杆类构件的受力钢筋；

强度等级为 300MPa、400MPa 的钢筋作中跨、轻载结构（如住宅、农房等）以及面状件（板、墙、壳等）的受力钢筋。

（2）延性配筋

HRB 及 HRBF 钢筋可考虑塑性设计；带后缀 "E" 的钢筋可作抗震钢筋。

（3）预应力钢筋

长跨连续配筋：集束高强钢丝、钢绞线作后张预应力配筋；

中小跨预制构件：中强或高强钢丝、钢绞线作先张预应力配筋；

大跨构件拉杆：预应力螺纹钢筋、钢绞线作拉杆配筋。

（4）基础配筋

RRB 钢筋可作基础或大体积混凝土等对延性要求不高的配筋。

（5）次要配筋

RRB 钢筋及强度等级为 300MPa 的钢筋作小跨、轻载结构（过梁、圈梁、构造柱、农房等）的配筋。

（6）横向钢筋

箍筋：宜采用强度等级 300MPa、400MPa 的钢筋；而强度等级为 500MPa 的钢筋不宜弯折，可作连续螺旋配箍或一笔画箍。

弯筋：宜采用强度等级 400MPa、500MPa 的钢筋。

约束配筋：宜采用强度等级 400MPa、500MPa 的钢筋作局压荷载下的网片配筋。

约束配箍：宜采用强度等级 400MPa、500MPa 的钢筋及中强钢丝作连续螺旋配箍或一笔画箍。

（7）构造钢筋

架立筋：RRB 及 300MPa 的钢筋。

7）钢筋的市场问题。

通常设计完成之后，实际结构中的钢筋还需要经历生产、订货、物流、加工、安装等工序。其中任何环节出现问题，都会影响实际结构的安全。市场经济以来，特别是近些年，企业追求利润，时有诚信缺失等不规范行为发生。近些年钢筋市场中主要存在以下不良现象。

（1）牌号名不副实。为了追逐利润降低成本，以余热处理钢筋（RRB）和细晶粒钢筋（HRBF）的方式提高强度，或依靠增加碳（C）含量（超过标准上限 0.25％，达 0.30％左右）达到较高的强度等级。以上两种情况生产的钢筋，都冒充普通热轧带肋钢筋（HRB）销售。这种冒牌钢筋片面追求强度而忽视延性，会造成结构的安全隐患。

（2）几何偏差过大或者就是采购标准底线。

冶金企业普遍按重量负公差下限作为目标扎制钢筋，最大自重偏差可达 -7.4％（直径 6~12mm），这种做法削弱了有效截面面积。

为了防止类似情况出现新标准加严了重量偏差的要求（防止瘦身钢筋）（表 2-3-9），主要是 $\phi6$~$\phi12$mm 规格钢筋重量偏差由 ±7％提升为 ±6.0％，其他规格重量偏差不变，但有效位数增加至小数点后一位，并明确规定按组测量重量偏差不允许复验。考虑数值修约规定，调整后的重量偏差实际提高了 0.45%～1.45%。此外，新标准考虑了重量偏差与内径允许偏差的对应关系，明确规定内径偏差不作为交货条件。

钢筋实际重量与理论重量偏差 表 2-3-9

公称直径 （mm）	实际重量与理论重量的偏差（%）	
	新标准	旧标准
6～12	±6.0	±7
14～20	±5.0	±5
22～50	±4.0	±4

说明：依据编制标准规定，±5 就是允许 +4.5，−5.4；但 ±5.0 就是只允许 +5.0，−5.0。

旧标准指：《钢筋混凝土用钢》GB/T 1499.1-2008，GB/T 1499.2-2008。

新标准指：《钢筋混凝土用钢》GB/T 1499.1-2017，GB/T 1499.2-2018。

（3）二次加工失控。

大量作坊式的钢筋二次加工，严重影响了钢筋的质量。冷加工钢筋（冷轧带肋钢筋、冷轧扭钢筋、冷拔钢丝等）片面追求强度而牺牲延性，往往造成预制预应力板脆断的后果。借口钢筋调直-冷拉而生产的"瘦身钢筋"，甚至冷拉伸长率达到 20%～30%。在牟取非法暴利的同时，瘦身钢筋的截面面积及延性大大削弱，严重地影响了结构性能，造成了结构的安全隐患。

（4）市场混乱的后果。

钢筋是混凝土结构中的"骨架"，承担了全部拉力和变形、耗能的功能。钢筋性能劣化，特别是延性降低，会严重影响结构的承载力和抗灾性能。在已经摆脱贫困和愚昧的今天，人祸表现为诚信缺失和侥幸心理所引起的质量缺陷。如果再不严厉整顿钢筋市场，就会发展成为行业的"潜规则"。现在种下的祸根（安全隐患），在将来遭受各种灾害的偶然作用时，就势必会引起严重破坏，甚至发生结构倒塌的惨剧。对此设计人员应保持清醒的认识，有关部门也应有足够的重视。

3.2.3 对按一、二、三级抗震等级设计的房屋建筑框架和斜撑构件，其纵向受力普通钢筋性能应符合下列规定：

1 抗拉强度实测值与屈服强度实测值的比值不应小于 1.25；

2 屈服强度实测值与屈服强度标准值的比值不应大于 1.30；

3 最大力总延伸率实测值不应小于 9%。

 延伸阅读与深度理解

1）本条提出了框架、斜撑构件（含梯段）中纵向受力钢筋强度、伸长率的规定，其目的是保证重要结构构件的抗震性能。

2）纵向受力钢筋检验所得的抗拉强度实测值与屈服强度实测值的比值不小于 1.25，目的是使结构某部位出现较大塑性变形或塑性铰后，钢筋在大变形条件下具有必要的强度潜力，保证构件的基本抗震承载力。

3）纵向受力钢筋检验所得的屈服强度实测值与屈服强度标准值的比值不应大于1.3，主要是为了保证"强柱弱梁""强剪弱弯"设计要求的效果不致因钢筋屈服强度离散性过大而受到干扰。

4）钢筋最大力下的总伸长率不应小于9％，主要为了保证在抗震大变形条件下，钢筋具有足够的塑性变形能力。

5）适用对象：抗震等级为一、二、三级的框架（包括框架梁柱、框支梁、框支柱、板柱-抗震墙的柱），以及各类斜撑构件（包括框架-支撑结构的支撑、加强层伸臂桁架的斜撑、楼梯的梯段等）中的纵向受力钢筋必须满足上述强制性要求。

6）剪力墙及其边缘构件、筒体、楼板、基础等一般不属于本条规定的范围之内。

如：实际不少工程对于剪力墙边缘构件也要求满足这三项要求，笔者一直认为不尽合理。

7）现行国家标准《钢筋混凝土用钢　第2部分：热轧带肋钢筋》GB/T 1499.2中牌号为HRB400E、HRB500E、HRBF400E、HRBF500E的钢筋。钢筋牌号带"E"的钢筋是专门为满足本条性能要求生产的钢筋，其表面轧有专用标志。

8）对不作受力斜撑构件使用的滑动楼梯，可不遵守本条规定。

9）以上这些要求见《抗规》GB 50011-2010（2016版）第3.9.2条（强制性条文）；《混凝土规》GB 50010-2010（2015版）第11.2.3条（强制性条文）；《高规》JGJ 3-2010第3.2.3条（非强制条文）。

10）注意，《混凝土结构工程施工质量验收规范》GB 50204-2015第5.2.3条（强制性条文）规定，对按一、二、三级抗震等级设计的框架和斜撑构件（含梯段）中的纵向受力普通钢筋应采用HRB335E、HRB400E、HRB500E、HRBF335E、HRBF400E或HRBF500E钢筋，其强度和最大力下总伸长率的实测值应符合下列规定：

（1）钢筋的抗拉强度实测值与屈服强度实测值的比值不应小于1.25；

（2）钢筋的屈服强度实测值与屈服强度标准值的比值不应大于1.30；

（3）钢筋的最大力下总伸长率不应小于9％。

笔者解读：这条要求设计应选择带"E"钢筋，带"E"钢筋被业界称为"抗震钢筋"，本规范废止了这个强制要求。

3.3　其他材料

3.3.1　预应力筋-锚具组装件静载锚固性能应符合下列规定：

1　组装件实测极限抗拉力不应小于母材实测极限抗拉力的95％；

2　组装件总伸长率不应小于2.0％。

 延伸阅读与深度理解

1）预应力用锚具应根据预应力筋的品种、张拉力值及工程应用的环境类别选定。

2）工程设计人员为某种结构选用锚具和连接器时，可根据工程环境、结构的要求、预应力筋的品种、产品的技术性能、张拉施工方法和经济性等因素进行综合分析比较后加以确定。

　　3）参考规范：《预应力筋用锚具、夹具和连接器应用技术规程》JGJ 85-2010 的相关规定。

3.3.2　钢筋机械连接接头的实测极限抗拉强度应符合表 3.3.2 的规定。

表 3.3.2　接头的实测极限抗拉强度

接头等级	Ⅰ级	Ⅱ级	Ⅲ级
接头的实测极限抗拉强度 f_{mst}^0	$f_{\mathrm{mst}}^0 \geqslant f_{\mathrm{stk}}$ 钢筋拉断；或 $f_{\mathrm{mst}}^0 \geqslant 1.10 f_{\mathrm{stk}}$ 连接件破坏	$f_{\mathrm{mst}}^0 \geqslant f_{\mathrm{stk}}$	$f_{\mathrm{mst}}^0 \geqslant 1.25 f_{\mathrm{yk}}$

　　注：1 表中 f_{stk} 为钢筋极限抗拉强度标准值，f_{yk} 为钢筋屈服强度标准值；

　　　　2 连接件破坏指断于套筒、套筒纵向开裂或钢筋从套筒中拔出以及其他形式的连接组件破坏。

 延伸阅读与深度理解

　　1）钢筋机械连接接头抗拉强度是保证接头质量的重要指标，需进行规定。参考美国、日本、法国相关标准和 ISO 对接头强度的规定，其最高等级接头大都要求不小于钢筋极限抗拉强度标准值。

　　2）本条规定，Ⅰ级接头连接件破坏时要求达到 1.1 倍钢筋极限抗拉强度标准值。

　　3）连接件破坏包括：套筒拉断、套筒纵向开裂、钢筋从套筒中拔出以及组合式接头其他连接组件破坏。

　　4）参考规范：《钢筋机械连接通用技术规程》JGJ 107-2016 第 3.0.5 条（强制性条文）。

3.3.3　钢筋套筒灌浆连接接头的实测极限抗拉强度不应小于连接钢筋的抗拉强度标准值，且接头破坏应位于套筒外的连接钢筋。

 延伸阅读与深度理解

　　1）本条为钢筋套筒灌浆连接接头受力性能的关键技术要求，涉及结构安全。

　　2）钢筋套筒灌浆连接目前主要用于装配式混凝土结构中墙、柱等重要竖向构件的钢筋通截面 100% 的连接。

　　3）本条规定钢筋套筒灌浆连接接头抗拉性能的检验要求，要求接头抗拉试验实测极限抗拉强度不应小于被连接钢筋的抗拉强度标准值，且不允许发生断于接头或连接钢筋与灌浆套筒拉脱的破坏，以保证采用套筒灌浆连接的混凝土构件的结构安全。实际就是常说的"强连接弱构件"的理念。

　　4）可靠连接的重要性，在行业标准《钢筋机械连接通用技术规程》JGJ 107-2016 中

Ⅰ级接头要求的基础上，提出了连接接头抗拉试验应断于钢筋的要求。目前只有Ⅰ级接头能够满足这个要求。

5）其他要求参见《钢筋连接用套筒灌浆料》JG/T 408，《钢筋套筒灌浆连接应用技术规程》JGJ 355-2015。

第4章 设计

4.1 一般规定

4.1.1 混凝土结构上的作用及其作用效应计算应符合下列规定:

1 应计算重力荷载、风荷载及地震作用及其效应;

2 当温度变化对结构性能影响不能忽略时,应计算温度作用及作用效应;

3 当收缩、徐变对结构性能影响不能忽略时,应计算混凝土收缩、徐变对结构性能的影响;

4 当建设项目要求考虑偶然作用时,应按要求计算偶然作用及其作用效应;

5 直接承受动力及冲击荷载作用的结构或结构构件应考虑结构动力效应;

6 预制混凝土构件的制作、运输、吊装及安装过程中应考虑相应的结构动力效应。

 延伸阅读与深度理解

1) 本条规定了确定结构上作用的原则,直接作用根据现行国家标准《建筑结构荷载规范》GB 50009 确定;地震作用根据现行国家标准《抗规》确定;对于直接承受吊车荷载的构件以及预制构件、现浇结构等,应按不同工况确定相应的动力系数或施工荷载。

2) 混凝土收缩、徐变是混凝土结构的特点,对于大跨度、高耸、高层混凝土结构,混凝土的收缩、徐变及温度变化产生的结构效应往往是不能忽略的。

3) 对于重要混凝土结构,应根据实际情况或业主要求,考虑偶然作用及其效应分析,包含火灾、爆炸、撞击等。

4) 承受动力作用的结构构件,其作用效应会比静力作用明显增大,一般情况下可通过作用(荷载)的动力增大系数进行考虑。如机动车的冲击力、制动力、离心力,消防车经过覆土厚度小于700mm等,预制构件起吊、安装过程也应考虑动力荷载影响。

5) 大体积混凝土结构、超长混凝土结构等约束积累较大的超静定结构,在间接作用下的裂缝问题比较突出,宜对结构进行间接作用效应分析。对于允许出现裂缝的钢筋混凝土结构构件,应考虑裂缝的开展使构件刚度降低的影响,以减少作用效应计算的失真。

6) 参考规范:《混凝土规》GB 50010-2010(2015版)第3.1.4条(非强制性条文)、第5.7.1条(非强制性条文)。

4.1.2 应根据工程所在地的抗震设防烈度、场地类别、设计地震分组及工程的抗震设防类别、抗震性能要求确定混凝土结构的抗震设防目标和抗震措施。

延伸阅读与深度理解

1)《建筑工程抗震设防分类标准》GB 50223 根据对各类建筑抗震性能的不同要求，将建筑分为特殊设防类、重点设防类、标准设防类和适度设防类四类，简称甲、乙、丙、丁类，并规定了各类别建筑的抗震设防标准，包括抗震措施和地震作用的确定原则。

2)《抗规》规定，抗震设防烈度为 6 度及以上地区的建筑，必须进行抗震设计。

3）抗震措施是在按多遇地震作用进行构件截面承载力设计的基础上，保证抗震结构在所在地可能出现的最强地震地面运动下，具有足够的整体延性和塑性耗能能力，保证对重力荷载的承载能力，维持结构不发生严重损毁或倒塌的基本措施。主要包括两类措施：一类是宏观限制条件和对重要构件在考虑多遇地震作用的组合内力设计值时进行调整增大；另一类则是保证各类构件基本延性和塑性耗能能力的各类抗震构造措施（其中也包括对柱和墙肢的轴压比上限控制条件）。

4）由于对不同抗震条件下各类结构构件的抗震措施要求不同，故用"抗震等级"对其进行分级。抗震等级按抗震措施强弱分为特一、一、二、三、四级。根据我国抗震设计经验，应按设防类别，建筑物所在地的设防烈度、结构类型、房屋高度以及场地类别的不同分别选取不同的抗震等级。

5）参考规范：《混凝土规》GB 50010-2010（2015 年版）第 11.1.2 条、第 11.1.3 条，后者为强制性条文。

4.1.3　采用应力表达式进行混凝土结构构件的承载能力极限状态计算时，应符合下列规定：

1　应根据设计状况和构件性能设计目标确定混凝土和钢筋的强度取值；

2　钢筋设计应力不应大于钢筋的强度取值；

3　混凝土设计应力不应大于混凝土的强度取值。

 延伸阅读与深度理解

1）复杂或有特殊要求的混凝土结构以及二维、三维非杆系的混凝土结构构件，通常需要考虑弹塑性分析方法进行承载力校核、验算。

2）根据不同的设计状况（如持久、短暂、地震、偶然等）和不同的性能设计目标，承载力极限状态往往会采用不同的组合，但通常会采用基本组合、地震组合或偶然组合，因此结构和构件的抗力验算也要相应采用不同的材料强度取值。例如，对于荷载偶然组合的效应，材料强度可取用标准值或极限值；对于地震作用组合的效应，材料强度可以根据抗震性能设计目标取用设计值或标准值等。承载力极限状态验算就是要考察构件的内力或应力是否超过材料的强度取值。

3）对于多轴应力状态，混凝土主应力验算可按现行国家标准《混凝土规》GB 50010-2010（2015 版）附录 C.4 的有关规定进行。

4)对于二维尤其是三维受压的混凝土结构构件,校核受压应力设计值可采用混凝土多轴强度准则。因此,合理地利用混凝土力学的多轴强度准则,就可以开发混凝土受压强度的巨大潜力。

5)对于大体积混凝土、复杂截面混凝土构件等,往往需要直接采用应力分布进行结构或构件的承载力设计。

4.1.4　装配式混凝土结构应根据结构性能以及构件生产、安装、施工的便捷性要求确定连接构造方式并进行连接及节点设计。

 延伸阅读与深度理解

1)装配整体式结构中的接缝主要指预制构件之间的接缝及预制构件与现浇及后浇混凝土之间的结合面,包括梁端接缝、柱顶底接缝、剪力墙的竖向接缝和水平接缝等。

2)装配整体式结构中,接缝是影响结构整体受力性能的关键部位。

3)接缝的压力通过后浇混凝土、灌浆料或坐浆材料直接传递;拉力通过由各种方式连接的钢筋、预埋件传递;剪力由接合面混凝土的粘结强度,键槽或者粗糙面,钢筋的摩擦抗剪作用、销栓抗剪作用承担。

4)接缝处于受压、受弯状态时,静力摩擦可承担一部分剪力。

5)预制构件连接接缝一般采用强度等级高于构件的后浇混凝土、灌浆料或坐浆材料。

6)无论采用何种接缝连接都必须保证不在接缝处破坏,必须做到强节点弱构件的抗震概念设计。

7)目前装配整体式框架结构中,框架柱的纵向钢筋宜采用套筒灌浆连接,梁的水平钢筋连接可根据实际情况选用机械连接、焊接连接或套筒灌浆连接。

8)目前装配整体式剪力墙结构中,预制剪力墙竖向钢筋的连接可根据不同部位,分别采用套筒灌浆连接、浆锚搭接连接,水平分布钢筋的连接可采用焊接、搭接等。

9)装配式 PC 混凝土存在的问题:

(1)套筒灌浆连接,是目前比较常见的连接方式,如图 2-4-1 所示为半灌浆接头与全灌浆接头,表 2-4-1 为半灌浆接头与全灌浆接头对比。

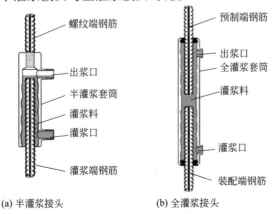

(a) 半灌浆接头　　　　(b) 全灌浆接头

图 2-4-1　半灌浆接头与全灌浆接头

半灌浆接头与全灌浆接头对比   表 2-4-1

类别	优点	缺点
半灌浆连接	①节省套筒和灌浆材料； ②PC钢筋带套筒入模，施工定位套筒方便	①套筒螺纹连接端的钢筋经过车丝加工后有一定损伤； ②螺纹连接端的施工质量不易保证
全灌浆连接	①两端均为灌浆锚固，受力合理； ②生产制作构件过程无需钢筋车丝加工，节省了加工环节； ③套筒加工工艺和材料多样，有利于降低成本	①套筒和灌浆料材料用量的材料成本高； ②PC构件端的套筒采用胶塞封堵，造成套筒偏位较大

（2）实际工程存在的问题：

① 对不上，对不齐。特别是剪力墙结构钢筋过密，且直径较小，要想都对齐困难非常大（图 2-4-2），经常发现对于一些不负责任的施工人员，为了赶工期，索性就把对不上的钢筋割断。

(a)   (b)

(c)

图 2-4-2　套筒上下对不上、对不齐

② 套筒灌浆灌不满。预制构件吊运到施工楼层距离楼面也就 200mm 左右，稍作停顿，安装工人对着楼地面弹好的预制墙板定位线扶稳墙板，并通过小镜子检查墙板下口套

筒与连接钢筋位置是否对准，检查合格后缓慢落钩，使墙板至找平垫片上就位放平，然后逐个套筒注浆。关键词"小镜子，缓慢放平"，笔者认为这些都是难以把控的"技术"，如图 2-4-3 所示。

(a)

(b)   (c)

图 2-4-3　预制构件就位注浆

③ 由于目前 PC 混凝土基本是预制和现浇混合使用，在设计、加工、安装时会造成磕磕碰碰，现场施工一经发现磕碰就会凿除碰撞部分，势必带来安全隐患，如图 2-4-4 所示。

(a)   (b)

图 2-4-4　预制与现浇磕碰（一）

(c)　　　　　　　　　　　　　(d)

图 2-4-4　预制与现浇磕碰（二）

4.1.5　混凝土结构构件之间、非结构构件与结构构件之间的连接应符合下列规定：

1　应满足被连接构件之间的受力及变形性能要求；

2　非结构构件与结构构件的连接应适应主体结构变形需求；

3　连接不应先于被连接构件破坏。

 延伸阅读与深度理解

1）构件之间连接构造设计的原则是：保证连接节点处被连接构件之间的传力性能符合设计要求；保证不同材料（混凝土、钢、砌体等）结构构件之间的良好结合。

2）混凝土结构构件连接应满足结构承载力极限状态、正常使用极限状态的计算要求，并满足结构耐久性、防水、防火、配筋构造及混凝土浇筑施工的要求。通俗地讲，节点的配筋构造应能满足受力、变形的要求，即所谓的强节点概念。

3）次梁与主梁铰接连接，如《混凝土规》GB 50010-2010（2015 版）第 9.2.2 条只给出了简支梁端梁底筋的锚固规定，顶筋的锚固没有提及，笔者认为是不合理的。由于规范没有明确要求，有的图集给出相关要求。如某图集给出主次梁节点构造（一）、（二）如图 2-4-5 所示。

说明：一般应优先采用主次梁节点构造（一），如果采用主次梁节点构造（二），则应经设计确认后采用。

笔者认为：这个说法有误，应该是一般应优先采用主次梁节点构造（二），如果采用主次梁节点构造（一），则应经设计确认后采用才合理。理由如下：

（1）《高规》第 13.7.6 条：框架梁、柱交叉处，梁的纵向受力筋应置于柱纵向钢筋内侧；次梁钢筋宜放在主梁钢筋内侧。当双向均为主梁时，钢筋位置应按设计要求摆放。

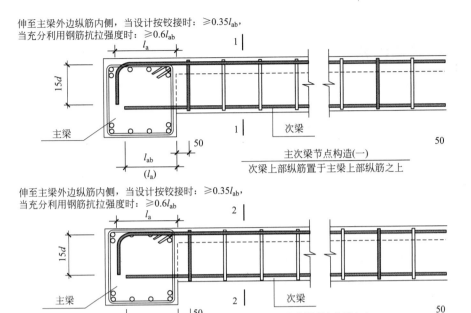

伸至主梁外边纵筋内侧，当设计按铰接时：≥$0.35l_{ab}$，
当充分利用钢筋抗拉强度时：≥$0.6l_{ab}$

主梁

次梁

主次梁节点构造(一)
次梁上部纵筋置于主梁上部纵筋之上

伸至主梁外边纵筋内侧，当设计按铰接时：≥$0.35l_{ab}$，
当充分利用钢筋抗拉强度时：≥$0.6l_{ab}$

主梁

次梁

主次梁节点构造(二)
次梁上部纵筋置于主梁上部纵筋之下
（应经设计确认后采用）

图 2-4-5　主次梁节点构造

（2）《混凝土规》GB 50010-2010（2015 版）第 8.3.1-3 条也明确要求：当锚固钢筋的保护层厚度不大于 $5d$ 时，锚固长度范围内应配置横向构造钢筋，其直径不应小于 $d/4$；对梁、柱、斜撑等构件间距不应大于 $5d$。

4）这条规定执行得好，可以更好地保证《建筑与市政工程抗震通用规范》GB 55002-2021 第 2.4.2-4 条，"4 构件连接的设计与构造应能保证节点或锚固件的破坏不先于构件或连接件的破坏"。

5）设计师要特别注意《市容环卫工程项目规范》GB 55013-2021 对于户外广告牌设计提出了特别的要求。现将主要条款汇总如下：

6.0.7　户外广告及招牌设施的结构应按承载能力极限状态的基本组合和正常使用极限状态的标准组合进行设计。考虑地震作用时，应按地震作用效应和其他荷载效应的基本组合进行设计。设计工作年限超过 20 年的，结构构件重要性系数 γ_0 不应小于 1.1；设计工作年限 10 年的，γ_0 不应小于 1.0；设计工作年限不超过 5 年的，γ_0 不应小于 0.9。

6.0.8　作用在户外广告及招牌设施结构上的荷载以风荷载为主控荷载，风荷载标准值应按基本风压取值。

6.0.9　户外广告或招牌设施的结构应进行强度、刚度和稳定性验算。

6.0.10　依附于建（构）筑物的户外广告或招牌设施的锚固支座应与建（构）筑物的结构件连接，并应直接承担户外广告或招牌设施传递的荷载。设施结构与墙面支座的连接应按不低于正常内力的 2.0 倍验算支座连接安全性。

笔者解读：以上几条和传统非结构构件与主体连接有以下两点不同：

（1）设计工作年限与主体结构不一致：设计工作年限超过 20 年就需要考虑结构构件重要性系数 1.1。

（2）设施结构与墙面支座的连接应按不低于正常内力的 2.0 倍验算支座连接安全性。

4.2 结构体系

4.2.1 混凝土结构体系应满足工程的承载能力、刚度和延性性能要求。

 延伸阅读与深度理解

混凝土结构体系首先必须满足强度、变形（刚度）的要求，同时还要满足结构抗震延性需求。

4.2.2 混凝土结构体系设计应符合下列规定：

1 不应采用混凝土结构构件与砌体结构构件混合承重的结构体系；

2 房屋建筑结构应采用双向抗侧力结构体系；

3 抗震设防烈度为 9 度的高层建筑，不应采用带转换层的结构、带加强层的结构、错层结构和连体结构。

 延伸阅读与深度理解

1）混凝土结构与砌体结构是两种截然不同的材料结构体系，其刚度、承载力和变形能力等相差很大，这两种结构在同一建筑物中混合使用，对建筑物的抗震性能将产生不利影响，甚至造成严重破坏，因此不应采用这种混合结构体系。因此，在钢筋混凝土框架结构中不应采用砌体结构作为承重结构的一部分而共同抵抗结构承受的水平地震作用。比如：框架结构中的楼、电梯间及局部出屋顶的电梯机房、楼梯间、水箱间等，应采用框架承重，不应采用砌体墙承重。

说明：本条是由《高规》第 6.1.6 条（强制性条文）和《抗规》GB 50011-2010（2016 版）第 7.1.7 条（非强制性条文）整合而来。

【工程案例】汶川 5·12 地震震害案例，如图 2-4-6、图 2-4-7 所示。

(a)

(b)

图 2-4-6 都江堰市某 5 层混合结构房屋破坏严重

（前进深为底部框架，后进深为砌体结构）

(a) 青川县城某框架-砌体混合
结构倒塌

(b) 青川县城某框架-砌体混合
房屋角柱严重破坏

图 2-4-7 框架-砌体混合结构倒塌案例

2) 房屋建筑结构应采用双向抗侧力结构体系。

这条应该是新加强条，如果仅在一个主轴方向布置抗侧力构件，将造成两个主轴方向结构的水平承载力和侧向刚度相差悬殊，可能使结构整体扭转，对结构抗震不利。笔者认为这条规定范围更广，但比原规范更灵活，理由如下：

(1)《抗规》GB 50011-2010（2016 版）第 6.1.5 条（非强制性条文）：框架结构和框架-剪力墙结构中，框架和抗震墙均应双向设置，柱中线与抗震墙中线、梁中线与柱中线之间偏心距大于柱宽的 1/4 时，应计入偏心的影响。

(2)《高规》JGJ 3-2010 第 6.1.1 条（非强制性条文）：框架结构应设计成双向梁柱抗侧力体系。主体结构除个别部位外，不应采用铰接。

笔者认为，今后如果工程需要，可以考虑采用一个方向框架，另一个方向（纵向排架）架柱间支撑的抗侧力体系。

3) 带转换层的结构、带加强层的结构、错层结构、连体结构等，在地震作用下受力非常复杂，容易形成可抗震薄弱部位。9 度抗震设计时，这些结构目前尚缺乏研究和工程实际经验，为此，为确保安全，因此规定不应采用。

4.2.3 房屋建筑的混凝土楼盖应满足楼盖竖向振动舒适度要求；混凝土结构高层建筑应满足 10 年重现期水平风荷载作用的振动舒适度要求。

 延伸阅读与深度理解

1) 首先说明，这条也是和征求意见稿有很大差别，当时征求意见稿给出具有 10 年一遇房屋顶点最大加速度限值，如下：

在 10 年一遇的风荷载标准值作用下，房屋建筑混凝土结构顶点的顺风向和横风向振动计算的加速度最大值不应超过表 2-4-2 的规定。

结构顶点风振加速度限值   表 2-4-2

使用功能	限值(m/s²)
住宅、公寓	0.15
办公、旅馆	0.25

对于这条，2019年3月1日，笔者也在征求意见时提过建议，具体如下：

问题：将舒适度纳入强制性条文规范是否合适？目前舒适度计算离散性很大，如果所有工程都必须进行控制，势必造成不必要的浪费。

建议：笔者认为这条作为强制性条文要求不尽合理，过于严厉，更主要是根本算不明白。建议取消具体限值。

结论：2022年发布通规进行了调整。

但遗憾的是，笔者发现《组合结构通用规范》GB 55004-2021第4.2.4条：

4.2.4　对于高度大于150m的组合结构高层建筑应满足风振舒适度要求。在10年一遇的风荷载标准值作用下，结构顶点的顺风向和横风向振动最大加速度限值应符合表4.2.4的规定。

表4.2.4　结构顶点风振加速度限值

使用功能	加速度限值 a_{lim}(m/s^2)
住宅、公寓	0.20
办公、旅馆	0.28
其他	0.30

笔者认为，这显然又是各规范协调失控所致。

2）本条规定了混凝土结构舒适度要求，包括楼盖竖向振动舒适度及高层、超高层建筑水平风振舒适度要求，控制水平与现行标准水平大体相当。

3）几个名词解释：

（1）楼盖：在房屋楼层间用以承受各种楼面作用的楼板、次梁和主梁等所组成的部件总称。

（2）舒适度：人们对客观环境从生理与心理方面所感受到的满意程度而进行的综合评价。

4）按照《民用建筑设计统一标准》GB 50352-2019的规定，超高层建筑是指房屋高度大于100m的建筑。

5）由这条看，今后是否所有楼板及高层建筑都需要进行舒适度验算呢？

笔者观点是：字面意思是都需要，但工程实践经验告诉我们，大部分情况都能满足这些要求（如裂缝验算），这也是规范没有明确哪些构件要进行裂缝验算的一个道理吧。基于此，笔者建议如下：

① 对于大跨楼（屋）盖、大开间房间应进行舒适度验算，具体多大就需要结合具体工程灵活把控了。

② 对于高度大于150m的超高层或高宽比大于规范规定且处于高风压地域的建筑，应进行舒适度验算。

③ 规范编制人员对这个问题的解读：

【问题】本规范第4.2.3条规定，楼盖进行竖向振动舒适度要求。是否所有建筑都需要进行楼盖竖向振动舒适度分析？《高规》规定150m以上的建筑计算水平荷载作用振动舒适度，这条要求是否所有高层建筑都需要进行水平风荷载作用的振动舒适度分析呢？

答复：本规范第4.2.3条，房屋建筑的混凝土楼盖应满足楼盖竖向振动舒适度要求；

混凝土结构高层建筑应满足 10 年重现期水平风荷载作用的振动舒适度要求。规范的要求一定要满足，至于要不要计算，要根据具体的情况判断，如楼板很厚，跨度很小，根本不存在竖向振动舒适度的问题，可以确定符合规范要求，就不需要计算。

现行《混凝土规》《高规》《建筑楼盖结构振动舒适度技术标准》JGJ/T 441-2019 等对楼盖的竖向振动舒适度都有要求，但是不强制。《高规》第 3.7.6 条也有高层建筑楼盖应满足 10 年重现期水平风荷载作用的振动舒适度的要求。本规范的规定也基本来自这条，满足要求，原则上就是要计算。但本条显然比《高规》更严格，《高规》有 150m 以上的要求，一般混凝土结构，只要满足承载力里的变形要求，如果结构比较矮、高宽比较大（笔者认为这里应是不大），风振舒适度基本能满足，不是问题。但本规范中这条规定就是什么情况下都要满足风振舒适度的要求，如果不用计算也能判断出满足舒适度要求，也可以。另外，本条规定的混凝土高层建筑还是要计算的，判断是否满足楼盖舒适度的要求。

6）关于楼盖竖向振动舒适度问题。

（1）《高规》第 3.7.7 条，《高层民用建筑钢结构技术规程》JGJ 99-2015 第 3.5.7 条对楼盖舒适度提出了明确的要求：楼盖结构应具有适宜的舒适度。楼盖结构的竖向振动频率不宜小于 3Hz，竖向振动加速度峰值不应大于表 2-4-3 的限值。

高层建筑楼盖竖向振动加速度限值 表 2-4-3

人员活动环境	峰值加速度限值(m/s²)	
	竖向自振频率不大于 2Hz	竖向自振频率不小于 4Hz
住宅、办公	0.07	0.05
商场及室内连廊	0.22	0.15

注：楼盖结构竖向频率为 2~4Hz 时，峰值加速度限值可按线性插值选取。

其实，对于多层建筑楼盖振动舒适度的要求，也不是通用规范首次提出，《混凝土规》第 3.4.6 条规定，对混凝土楼盖结构应根据使用功能的要求进行竖向自振频率验算，并宜符合下列要求：

① 住宅和公寓不宜低于 5Hz；

② 办公楼和旅馆不宜低于 4Hz；

③ 大跨度公共建筑不宜低于 3Hz。

按条文解释：对跨度较大的楼盖及业主有要求时，可按本条执行。一般楼盖的竖向自振频率可采用简化方法计算或依据《建筑楼盖结构振动舒适度技术标准》JGJ/T 441-2019规定计算。对有特殊要求的工业建筑，可参考现行国家标准《工业建筑振动控制设计标准》GB 50190 的规定进行验算。

（2）舒适度分析采用的阻尼比及弹性模量问题。

舒适度分析采用的阻尼比及弹性模量也需要注意。对于以行走激励为主的楼盖，其舒适度分析采用的阻尼比可以按《建筑楼盖结构振动舒适度技术标准》JGJ/T 441-2019 第 5.3.2 条取值。对于有节奏运动为主的楼盖，其舒适度分析采用的阻尼比可以按照《建筑楼盖结构振动舒适度技术标准》JGJ/T 441-2019 第 6.3.3 条取为 0.06，见表 2-4-4。

行走激励为主的楼盖阻尼比   表 2-4-4

楼盖使用类别	钢-混凝土组合楼盖	混凝土楼盖
手术室	0.02~0.04	0.05
办公室、住宅、宿舍、旅馆、酒店、医院病房	0.02~0.05	0.05
教室、会议室、医院门诊部、托儿所、幼儿园、剧场、影院、礼堂、展览厅、公共交通等候大厅、商场、餐厅、食堂	0.02	0.05

对于混凝土的弹性模量，《建筑楼盖结构振动舒适度技术标准》JGJ/T 441-2019 第 3.1.1 条规定：舒适度计算时，楼盖采用钢筋混凝土楼盖和钢-混凝土组合楼盖时，混凝土的弹性模量可按《混凝土规》规定数值分别放大 1.20 倍和 1.35 倍。目前程序在舒适度计算时，弹性模量默认按《混凝土规》放大 1.2 倍，如需放大 1.35 倍，实际就是考虑楼板动弹性模量。

（3）舒适度验算的质量及舒适度荷载取值问题。

楼盖竖向振动舒适度分析，首先要考虑舒适度质量及舒适度荷载的取值，某常用程序提供了两种方式来考虑舒适度质量：

第一种，舒适度荷载取设计参数中输入的荷载，组合系数由用户自定义，程序默认按恒载 1.0，活载 0.5 取值。采用这种方式考虑舒适度质量时，需要在"舒适度信息"→"集中质量"选项中勾选"组合系数"。

第二种，考虑舒适度质量的方式是按照《建筑楼盖结构振动舒适度技术标准》JGJ/T 441-2019 中的要求，输入舒适度荷载。舒适度计算时的荷载（舒适度质量）按《建筑楼盖结构振动舒适度技术标准》JGJ/T 441-2019 第 3.2.5 条采用。其中永久荷载 G_k 应包括楼盖自重、面层、吊挂、固定隔墙等实际使用时楼盖上的荷载。当楼盖自重、面层、吊挂、固定隔墙等荷载不能确定时，宜取其自重的下限值。

（4）结构布置规则的建筑楼盖的竖向自振频率可按《建筑楼盖结构振动舒适度技术标准》JGJ/T 441-2019 附录 A 计算。复杂建筑楼盖的竖向自振频率宜采用有限元分析计算。

（5）为提高楼盖振动舒适度，可采用提高楼盖刚度、增加阻尼、调整振源位置或采取减振、隔振措施等方法。

7）多层钢结构、钢-混凝土建筑需要计算楼盖舒适度吗？

（1）《钢结构通用规范》GB 55006-2021 第 2.0.7 条规定，建筑钢结构支承动力设备或精密仪器时，结构设计除应满足承载力、变形及抗震性能要求外，结构水平振动以及楼盖竖向振动应满足设备和仪器对振动位移、速度、加速度控制要求以及结构疲劳验算要求。

注意：这里主要是指有动力设备或精密仪器时。但条文说明提到"人员舒适度"。

条文说明：本条规定了钢结构防振动要求。对工业厂房的设计尤其重要。一般而言，工业厂房钢结构相对混凝土结构的整体刚度偏小，容易出现结构振动问题。对动力设备、精密仪器上楼的钢结构，在轨道交通、公路交通等环境振动作用下，或者周边及上楼动力设备振动荷载作用下，为确保设备正常运行、机床等加工设备能够保障加工精度、精密仪器能够保证正常使用及仪器量测精度、人员舒适度满足相关要求，需要根据设备使用要求或相关标准进行控制。

随着工业技术的不断发展，各行业生产设备广泛引进国内外大型、重型先进设备，设备生产率高、扰力大。据不完全统计，工业建筑如机械工业中有 70％ 的中小型机床可以上楼。但设备生产率高、扰力增大的动力设备上楼，导致结构异常振动问题越来越突出。

工业设备引起的动荷载主要类型是周期性的简谐荷载，周期运转的机器可能激发垂直及水平惯性力，它们以外力和力矩的形式随时间按简谐或多谐规律变化并传递给结构，常见的振动设备包括振动筛、破碎机、皮带托辊、电机、风机、水泵等。

工业建筑中的振动问题不容小视。建筑物受到振动影响的表现形式为墙皮剥落、墙壁龟裂、地板裂缝、基础变形或下沉等，重者以至于倒塌。机器受到过大的振动，则降低生产精度，无法正常工作。

笔者认为，对于工业建筑设备上楼，其实还需要关注结构与振动设备共振问题，这对于从事过工业建筑设计的人员并不陌生，但对于一直从事民用建筑设计的人员来说，可能较少接触此类问题。读者如果遇到类似问题可以仔细阅读《工业建筑振动控制设计标准》GB 50190-2020。

现行国家标准《钢结构设计标准》GB 50017-2017 第 3.4.4 条规定，竖向和水平荷载引起的构件和结构的振动，应满足正常使用或舒适度要求。所以，纯钢结构也需满足楼盖舒适度要求。

（2）《组合结构通用规范》GB 55004-2021 第 4.2.5 条规定，正常使用极限状态设计时，对振动舒适度有要求的钢-混凝土组合楼盖结构，应进行竖向动力响应验算，动力响应限值应采用基于人体振感舒适度的控制指标。说明：不再简单地按照自振频率进行控制，显然要求更加严格。

现行行业标准《组合结构设计规范》JGJ 138-2016 第 13.3.4 条更是明确规定，组合楼盖应进行舒适度验算。也就是对振动舒适度有要求，结合通用规范的规定，该条其实已经是强制性条文。

8）通用规范只规定应满足楼盖竖向振动舒适度要求，但没提具体的标准，连条文说明中也未提及，还需看现行其他标准的规定。笔者查询了一下，有关楼盖振动的计算标准不少。除了上面提到的两本高层建筑标准和《混凝土规》外，还有以下标准：

（1）《工业建筑振动控制设计标准》GB 50190-2020。

（2）《建筑工程容许振动标准》GB 50868-2013。

（3）《建筑振动荷载标准》GB/T 51228-2017。

（4）《建筑楼盖结构振动舒适度技术标准》JGJ/T 441-2019。

（5）《组合结构设计规范》JGJ 138-2016。

（6）《组合楼板设计与施工规范》CECS 273：2010。

9）现有相关标准规定归纳如下：

（1）《组合结构设计规范》JGJ 138-2016 中给出了振动峰值加速度限值（表 2-4-5）。

振动峰值加速度限值　　　　　　　　表 2-4-5

房屋功能	住宅、办公	餐饮、商场
$a_p(g)$	0.005	0.015

（2）《建筑楼盖结构振动舒适度技术标准》JGJ/T 441-2019 中给出了表 2-4-6、表 2-4-7 各类楼盖竖向振动峰值加速度限值。

竖向振动峰值加速度限值（一）   表 2-4-6

楼盖使用类别	峰值加速度限值（m/s^2）
手术室	0.025
住宅、医院病房、办公室、会议室、医院门诊室、教室、宿舍、旅馆、酒店、托儿所、幼儿园	0.050
商场、餐厅、公共交通等候大厅、剧场、影院、礼堂、展览厅	0.150

竖向振动峰值加速度限值（二）   表 2-4-7

楼盖使用类别	峰值加速度限值（m/s^2）
车间办公室	0.20
安装娱乐振动设备	0.35
生产操作区	0.40

10）人行走作用力及楼盖结构阻尼比可参考表 2-4-8。

人行走作用力及楼盖结构阻尼比   表 2-4-8

人员活动环境	人员行走作用力 p_0（kN）	结构阻尼比 β
住宅、办公、教堂	0.3	0.02～0.05
商场	0.3	0.02
室内人行天桥	0.42	0.01～0.02
室外人行天桥	0.42	0.01

注：1. 表中阻尼比用于钢筋混凝土楼盖结构和钢-混凝土组合楼盖结构；
  2. 对住宅、办公、教堂建筑，阻尼比 0.02 可用于无家具和非结构构件情况，如无纸化电子办公区、开敞办公区和教室；阻尼比 0.03 可用于有家具、非结构构件，带少量可拆卸隔断的情况；阻尼比 0.05 可用于含全高填充墙的情况；
  3. 对室内人行天桥，阻尼比 0.02 可用于天桥带干挂吊顶的情况。

11）关于风荷载作用下高层建筑舒适度问题。

本条改自《高规》第 3.7.6 条（非强制性条文）。

（1）高层建筑在风荷载作用下将产生振动，过大的振动加速度将使在高层建筑居住的人们感觉不舒服，甚至不能忍受，两者的关系见表 2-4-9。

舒适度与风振加速度关系   表 2-4-9

不舒适的程度	建筑物的加速度
无感觉	$<0.005g$
有感	$0.005g～0.015g$
扰人	$0.015g～0.05g$
十分扰人	$0.05g～0.15g$
不能忍受	$>0.15g$

（2）高层建筑的风振反应加速度，包括顺风向最大加速度、横风向最大加速度和扭转角速度。关于顺风向最大加速度和横风向最大加速度的研究工作虽然较多，但各国的计算方法并不统一，互相之间也存在明显的差异。扭转角速度研究较少，暂不作要求。

12）风舒适度计算阻尼比取值问题讨论。

有位朋友咨询，最近在做一个沿海地区的项目时碰到了一个关于风振舒适度的问题。《混凝土结构通用规范》GB 55008-2021 第 4.2.3 条规定，"混凝土结构高层建筑应满足 10 年重现期水平风荷载作用的振动舒适度要求"，也就是说只要是高层建筑，都需要满足风振舒适度的要求，具体量化指标可以参照现行其他规范执行吗？

讨论：目前，PKPM 和 YJK 软件都能提供结构顶点风振加速度的计算结果。最近我们设计的某个住宅项目的二期工程，用 YJK 软件计算时，结构 Y 向顺风向顶点加速度 $a_{lim}=0.220g$，超过了《高规》表 3.7.6 条"住宅结构顶点风振加速度 $a_{lim} \leqslant 0.15g$"的要求。而按照《建筑结构荷载规范》GB 50009-2012（以下简称《荷载规范》）附录 J 的公式，经过反复手工验算，得出的结果为 $a_{lim}=0.140g$，并没有超过规范要求。为此，我们将手算结果与电算结果反复比对，发现了问题的所在：软件进行舒适度验算时，是按照阻尼比 0.02 来选取顺风向风振加速度脉动系数 η_a 的，若按 0.05 来选取 η_a，则两者结果完全吻合，对比如下：

（1）YJK 电算结果（左边阻尼比取 0.02，右边阻尼比取 0.05），见表 2-4-10。

风振舒适度验算 表 2-4-10

塔号:1	塔号:1
按《荷载规范》附录 J 计算： X 向顺风向顶点最大加速度(m/s²)=0.103 X 向横风向顶点最大加速度(m/s²)=0.150 Y 向顺风向顶点最大加速度(m/s²)=0.220 Y 向横风向顶点最大加速度(m/s²)=0.106	按《荷载规范》附录 J 计算： X 向顺风向顶点最大加速度(m/s²)=0.066 X 向横风向顶点最大加速度(m/s²)=0.100 Y 向顺风向顶点最大加速度(m/s²)=0.140 Y 向横风向顶点最大加速度(m/s²)=0.068

（2）人工手算结果。

其中，顺风向风振加速度前面的数值阻尼比取 0.02，括号中数值阻尼比取 0.05（表 2-4-11）。

Z 高度处顺风向风振加速度 $\alpha_{D,z}$ 表 2-4-11

距地高度 (m)	相对高度 Z/H	第1阶振型系数 $\phi_1(z)$	风压高度变化系数 μ_z	背景分量因子 B_z	顺风向风振加速度 $\alpha_{0,z}$
7.89	0.1	0.02	1	0.025	0.004(0.003)
15.78	0.2	0.08	1	0.100	0.018(0.011)
23.67	0.3	0.17	1	0.212	0.037(0.024)
31.56	0.4	0.27	1	0.336	0.059(0.038)
39.45	0.5	0.38	1	0.473	0.084(0.053)
47.34	0.6	0.45	1	0.561	0.099(0.063)

续表

距地高度 （m）	相对高度 Z/H	第1阶振型系数 $\phi_1(z)$	风压高度变化 系数 μ_z	背景分量 因子 B_z	顺风向风振 加速度 $\alpha_{0,z}$
55.23	0.7	0.67	1	0.835	0.147(0.094)
63.12	0.8	0.74	1	0.922	0.163(0.104)
71.01	0.9	0.86	1	1.072	0.189(0.121)
78.9	1	1	2.108	0.591	0.220(0.140)

　　仔细看了一下，规范对于风振舒适度验算时阻尼比的取值规定，发现确实存在一些矛盾的地方：《高规》第3.7.6条及其条文解释中均明确了"计算舒适度时结构阻尼比的取值要求，对混凝土结构取0.02"；而《荷载规范》第8.4.4条中结构阻尼比 ζ_1 的取值"对钢筋混凝土及砌体结构可取0.05"。阻尼比的取值直接影响到顺风向风振加速度的脉动系数 η_a，这会导致结构顺风向顶点加速度 a_{lim} 计算结果差异巨大。

　　个人认为，100m以下的高层建筑在进行风振舒适度验算时，结构阻尼比 ζ_1 可按照《荷载规范》第8.4.4条取0.05来确定顺风向风振加速度脉动系数 η_a。观点如下，正确与否，请指点。

　　疑问1：《高规》第3.7.6条和《高层民用建筑钢结构技术规程》JGJ 99-2015（以下简称《高钢规》）第3.5.5条中均明确了"结构顶点的顺风向和横风向振动最大加速度，可按《荷载规范》的有关规定计算"，额外规定阻尼比的取值，是为了控制高度超过150m的超高层建筑的风振舒适度。

　　疑问2：新老规范的更替应该都会考虑技术标准的延续性，一般不会出现本规范执行前后，相同建筑的结构体系差异巨大的情况。

　　目前，该项目的一期工程正在施工，若二期工程按阻尼比0.02来验算舒适度的话，相同的户型即使满布剪力墙也几乎无法满足"顶点风振加速度 $a_{lim}\leqslant0.15g$"的要求，这个结果甲方无法接受。我们咨询了本规范编制组和施工图审查机构的专家，均不太支持我们的观点。

　　例如，本项目位于设防烈度6度区，场地类别为Ⅲ类，由于靠近海边（离海岸2km）且台风多发，因此各指标基本都是风控，典型单体的基本参数如下：

　　平面尺寸：15.7m×35.8m；

　　房屋高度：78.9m（共26层）；

　　基本风压：$W_{10}=0.7\text{kN/m}^2$；

　　地面粗糙度：A类；

　　第一振型周期：$T_1=2.385\text{s}$；

　　总质量：22287t。

　　标准层平面图如图2-4-8所示。

　　以下是笔者个人观点及建议：

　　（1）《高规》第11.3.5条条文说明中提到：影响结构阻尼比的因素很多，因此准确确定结构的阻尼比是一件非常困难的事情。试验研究及工程实践表明，一般带填充墙的高层钢结构的阻尼比为0.02左右，钢筋混凝土结构的阻尼比为0.05左右，且随着建筑高度的

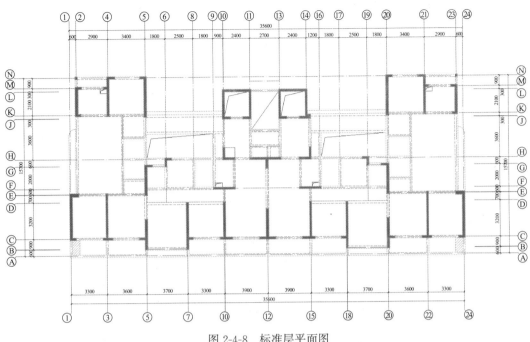

图 2-4-8　标准层平面图

增加，阻尼比有不断减小的趋势。钢-混凝土混合结构的阻尼比应介于两者之间，考虑到钢-混凝土混合结构抗侧刚度主要来自混凝土核心筒，故阻尼比取为 0.04，偏向于混凝土结构。风荷载作用下，结构的塑性变形一般较设防烈度地震作用下为小，故抗风设计时的阻尼比应比抗震设计时为小，阻尼比可根据房屋高度和结构形式选取不同的值；结构高度越高阻尼比越小，采用的风荷载回归期越短，其阻尼比取值越小。一般情况下，风荷载作用时结构楼层位移和承载力验算时的阻尼比可取为 0.02～0.04，结构顶部加速度验算时的阻尼比可取为 0.01～0.015。

（2）笔者经过咨询《荷载规范》及《工程结构通用规范》GB 55001-2021 主编，明确如下：

《荷载规范》第 8.4.4 条中的阻尼比，是用于计算主体结构风荷载标准值的建议取值，但在计算加速度时，需要根据所用重现期风压选择不同的阻尼比。一般说来，风荷载越小阻尼比越小（笔者理解这里的大小是指 10 年一遇与 50 年一遇相比），所以在计算 10 年重现期风振加速度时，根据混凝土结构高层建筑的高度，阻尼比的确应该取 0.01～0.02（即《高规》中的规定）。

（3）舒适性要求将来一定是越来越严的。这个楼之所以超标，主要还是因为风实在太大了（10 年重现期达到了 0.70）；笔者认为这应该属于比较特殊的情况了。通常这个高度的楼加速度不会有太大问题，但如果算出来就这么大，那将来一定会被投诉。

（4）基于以上案例分析，今后在设计高风压区（一般把 50 年一遇基本风压大于 0.45kN/m² ）要特别关注风舒适度问题。

（5）基于现行规范给出的舒适度计算公式及程序计算结果的差异，建议对于重要工程宜采取风洞试验实测舒适度。

【工程案例1】笔者2012年主持设计的银川万豪大厦工程。

(1) 工程概况：工程位于银川市金凤区，为高档酒店、公寓、办公、商业等综合体建筑，总建筑面积约17.38万 m^2（其中地上12.7万 m^2、地下4.68万 m^2）。裙房平面最大尺寸为：218m×83m；主楼平面为66m×38m，核心筒平面为37.3m×18.15m，菱形建筑。裙房为地上4层，高度21.35m，地下3层，埋深约为−17.60m（结构基础底）；主楼地上50层，高度为216m，地下3层，埋深约为−19.80m（结构筏板底），主体结构高宽比为：1/5.4；核心筒宽高比1/11.9，基础埋置深度为高度1/10.9。基本风压：用于承载力计算取0.75kN/m^2（银川地区100年一遇的基本风压），用于变形验算取0.65kN/m^2（银川地区50年一遇的基本风压），舒适度验算取0.40/m^2（取银川地区10年一遇的基本风压）。

地面粗糙度：B类。风洞试验模型及效果图2-4-9所示。

(a)　　　　　　　　　　　　(b)

图 2-4-9　风洞试验模型及效果图

(2) 风振计算报告，这个报告主要是为主体结构设计提供必要的一些风荷载参数。

舒适度测试结果：0.16m/s^2；

PMSAP计算结果：0.163m/s^2；

PKPM计算结果：0.132m/m^2。

注意：是横向风振。

【工程案例2】2012年笔者主持设计的某超高层连体结构。

(1) 工程概况：本项目位于青岛市灵山湾旅游度假区，为高档酒店、公寓、商业等综合体建筑，超限部分总建筑面积约17.373万 m^2。裙房为大型商业，地上3层，裙房以上（即三层以上）分为两个塔，塔A为高档公寓，总高度241.45m（主要屋面）共65层（结构层），标准层尺寸60.80m×20.40m，高宽比：11.84，楼电梯间形成筒平面尺寸35.20m×9.30m，高宽比：25.96；塔B为高档酒店及办公，总高度为189.65m（主要屋面）共49层，标准层平面尺寸63.20m×22.4m，高宽比：8.47，楼电梯间形成的筒，平面尺寸 18.40m×10.30m，高宽比：18.40。塔A与塔B在高度 159.05～189.65m 处连为一体，组成弧形连体结构，连体平面投影最大跨度近 30m。地下 3 层，埋深约为 —22.00m（结构筏板底），基础埋置深度为高度 1/11。

基本风压：用于承载力计算取 0.60kN/m² （青岛地区 50 年一遇的基本风压），用于变形验算取 0.60kN/m² （青岛地区 50 年一遇的基本风压）。

舒适度验算取 0.45kN/m² （取青岛地区 10 年一遇的基本风压）。

地面粗糙度：A 类。

风洞试验模型及轴系定义和风向角如图 2-4-10 所示。

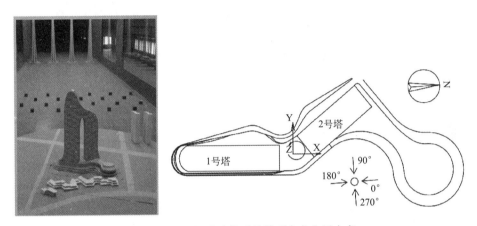

图 2-4-10 风洞试验模型及轴系定义和风向角

（2）风振计算报告，采用《高规》给出的公式计算最大顶点加速度为（Y 向）0.074m/s² （PMSAP 计算结果）；风洞试验得出的舒适度指标如图 2-4-11 所示。

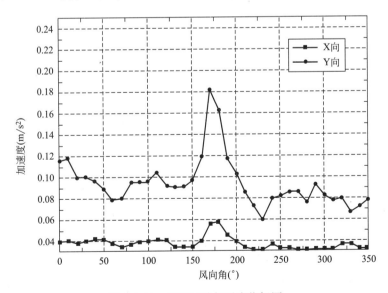

图 2-4-11 风洞试验舒适度指标图

由此可以看出，由理论计算与试验结果看，误差有 2.43 倍。

【工程案例3】2014 年济南某 300m 超高层，地上 62 层，地下 3 层。10 年一遇风压 0.30kN/m² 。风洞试验模型及效果图如图 2-4-12 所示。

(a)   (b)

图 2-4-12　风洞试验模型及效果图

风洞试验结果：结构顶部的最大加速度 X 向为 0.169m/s² ，Y 向为 0.225m/s² ，结构顶部绕 Z 轴最大扭转加速度为 0.0113rad/s² 。

采用某程序计算结果：

塔号：1

按《高钢规》计算：

X 向顺风向顶点最大加速度（m/s²）＝0.036

X 向横风向顶点最大加速度（m/s²）＝0.151

Y 向顺风向顶点最大加速度（m/s²）＝0.038

Y 向横风向顶点最大加速度（m/s²）＝0.119

按《荷载规范》附录 J 计算：

X 向顺风向顶点最大加速度（m/s²）＝0.045

X 向横风向顶点最大加速度（m/s²）＝0.100

Y 向顺风向顶点最大加速度（m/s²）＝0.047

Y 向横风向顶点最大加速度（m/s²）＝0.078

由以上风洞试验及程序两个公式计算结果看，差异巨大。基于以上案例也能看出，风舒适度计算问题的离散性很大。

【工程案例4】项目为 42m 大跨过街连廊，由于红线内外及周边已有建筑等，造成原设计单位设计的连廊无法施工，后来业主要求尽量利用原有柱及将红线外柱移到红线之内，造成两侧柱非矩形布置（由于原设计单位认为这样无法实现，拒绝修改设计），而是采用非对称布置，这样就造成连廊两榀桁架跨度相差 7m（图 2-4-13）。为了整体效果，建筑师要求两榀桁架高度、节点划分、构件截面必须保持一致。这就给结构设计带来很大的挑战。

结构设计一方面必须保证结构安全可靠，保证连廊两侧桁架变形协调一致（不应产生过大的扭转效应），另一方面还要控制整体连廊竖向变形及舒适度满足规范要求。

(a)

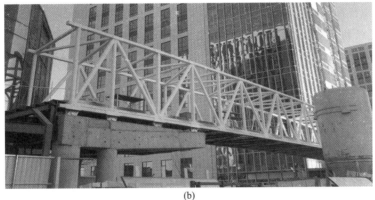

(b)

图 2-4-13　工程效果图及现场安装实景图

　　为此，结构设计首先在跨度较大侧两端支座设置大悬挑钢筋混凝土梁，尽量增加跨度较大侧的竖向刚度，经过两个空间程序分析计算，满足了设计各项要求。

　　【工程案例 5】笔者 2016 年主持设计的西单大悦城超大炫酷旋转楼梯。

　　北京西单大悦城建设于 20 世纪 90 年代，项目属于大型综合商业建筑，由于业态变化需要，业主希望玫瑰园区域 6～9 层增设炫酷旋转大楼梯，如图 2-4-14 所示。

图 2-4-14　现场实景图片

由于建筑师要求楼梯边梁只能是 600mm（高）×200mm（宽），结构设计采用方钢管 □600×200×18×18，设计经过多程序空间分析计算，结构的强度及变形均可以满足设计及规范要求，但舒适度无法满足规范要求。为此，我们采取在方钢管中填充自密实混凝土，以增加边梁的重量及整体刚度，经过分析计算，楼梯整体舒适度满足规范要求。

4.3 结构分析

4.3.1 混凝土结构进行正常使用阶段和施工阶段的作用效应分析时应采用符合工程实际的结构分析模型。

4.3.2 结构分析模型应符合下列规定：

1 应确定结构分析模型中采用的结构及构件几何尺寸、结构材料性能指标、计算参数、边界条件及计算简图；

2 应确定结构上可能发生的作用及其组合、初始状态等；

3 当采用近似假定和简化模型时，应有理论、试验依据及工程实践经验。

4.3.3 结构计算分析应符合下列规定：

1 满足力学平衡条件；

2 满足主要变形协调条件；

3 采用合理的钢筋与混凝土本构关系或构件的受力-变形关系；

4 计算结果的精度应满足工程设计要求。

 延伸阅读与深度理解

1) 以上第 4.3.1～4.3.3 条，这三条规定了混凝土结构分析建模及混凝土结构分析的基本要求。

2) 结构分析包括施工阶段和正常使用阶段，建立符合工程实际的、适宜的结构模型并进行分析，是获取精度符合工程要求的作用效应的前提，也是确保施工阶段和使用阶段结构安全的基础。

3) 由于工程结构的边界条件复杂性和采取的技术措施的多样性，结构的形成和其上承受的各种作用可能处于复杂的动态变化状态，因此应根据工程实际情况，建立适宜的模型。

4) 对装配式混凝土结构、预应力混凝土结构，其施工阶段的结构体系和受力状态与正常使用阶段有较大变化，对其进行针对性的结构分析尤为重要。

5) 结构分析模型建立后，结构分析（包括采用的结构分析软件）要涉及材料的本构关系、力学平衡条件、主要变形协调条件（包括边界及节点），分析结果要满足结构设计精度要求。主要变形协调条件是指，对分析结果的精度有直接、重要影响的变形协调条件。

6) 由于工程的复杂性，计算模型的建立、必要的简化计算与处理，应符合结构的实际工作状况，计算中应考虑楼梯构件的影响。

7) 计算软件的技术条件应符合本规范及有关标准的规定，并应阐明其特殊处理的内容和依据。

8）复杂结构在进行多遇地震作用下的内力和变形分析时，应采用不少于两个的不同力学模型，并对其计算结果进行分析比较。

9）所有计算机计算结果，应经分析判断确认其合理、有效后方可用于工程设计。

【工程案例】2009 年某学员咨询笔者这样一个工程问题。

工程概况：海口工程，钢筋混凝土三层框架结构，坡屋面，层高 4m＋3.6m＋5.0m，斜梁倾角 48°，抗震设防裂度 8 度（0.20g），第一组，Ⅱ类场地，如图 2-4-15 所示为原结构计算模型。

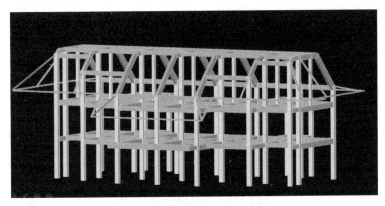

图 2-4-15　原结构计算模型

计算后发现，尽管层间最大位移出现在 1 层：$\Delta x = 1/882$，$\Delta y = 1/1026$，满足要求，但顶层的层间位移：$\Delta x = 1/9999$，$\Delta y = 1/9999$；设计人咨询这个结果是否正常，笔者明确告诉他不正常，肯定是建模有问题。笔者请他将模型发给笔者看，笔者看到模型后，发现可能是因为屋面吊挂的檐口部分所引起的不合理；请他将吊挂檐口部分取消重新计算（荷载加上）；修改后模型如图 2-4-16 所示。

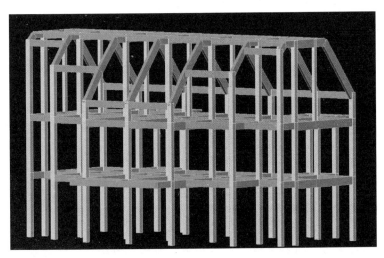

图 2-4-16　简化后的结构模型图

重新计算结果：层间最大位移出现在 1 层：$\Delta x = 1/894$，$\Delta y = 1/1048$；顶层的层间位移：$\Delta x = 1/7224$，$\Delta y = 1/7731$。

笔者分析还是有问题，请他再将斜梁按斜杆建模，这样更加符合结构的实际情况，计算模型如图 2-4-17 所示。

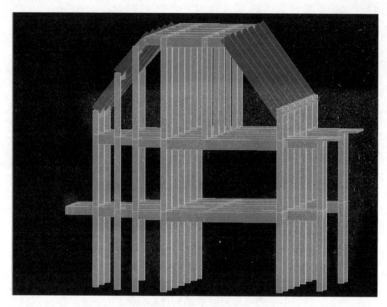

图 2-4-17 再简化后的模型图

最后计算结果：层间最大位移出现在 1 层：$\Delta x = 1/971$，$\Delta y = 1/1079$；顶层的层间位移：$\Delta x = 1/1683$，$\Delta y = 1/1769$。

笔者分析，这个结果基本正常。

结语及建议：通过上面这个工程实例，可以得出以下结论：

（1）对于斜屋面建筑，在建模时，将一些建筑装饰的杆件（包括一些悬臂杆、悬挂杆尽可能取消，利用人工将荷载加在节点上）。

（2）对于斜屋面的梁是按梁输入还是按斜杆输入应慎重考虑，笔者建议对梁的倾角大于 45°时，应按斜杆输入；当然如果难以判断时，也可以分别按梁及斜杆输入，取其不利工况配筋。

（3）通过这个例子，设计人员对一个工程在判断层间位移角时，不仅要关注最大层间位移，同时还要关注其他楼层的层间位移是否有异常情况。如果有异常，就需要仔细分析出现异常的原因，否则，会给工程埋下安全隐患；当然，这些异常一般均出现在不规则、比较复杂的结构中。

4.3.4 混凝土结构采用静力或动力弹塑性分析方法进行结构分析时，应符合下列规定：

1 结构与构件尺寸、材料性能、边界条件、初始应力状态、配筋等应根据实际情况确定；

2 材料的性能指标应根据结构性能目标需求取强度标准值、实测值；

3　分析结果用于承载力设计时，应根据不确定性对结构抗力进行调整。

 延伸阅读与深度理解

1）弹塑性分析可根据结构的类型和复杂性、要求的计算精度等，选择相应的计算方法。

2）进行弹塑性分析时，结构构件各部分的尺寸、截面配筋以及材料性能指标都必须预先设定。

3）结构单元、有限元划分应根据实际情况采用不同的离散尺度，确定相应的本构关系、如应力-应变关系、弯矩-曲率关系、内力-变形关系等。

4）结构材料强度实测值通常可采用平均值，当样本足够时，宜采取数理统计的强度标准值。

5）采用弹塑性分析方法确定结构的作用效应时，钢筋和混凝土的材料特征值及本构关系宜经试验分析确定，也可采用现行国家标准《混凝土规》GB 50010-2010（2015 版）附录 C 提供的材料平均强度，本构模型或多轴强度准则。

6）需要提醒注意的是：在采用弹塑性分析方法确定结构的作用效应时，需先进行作用组合，并考虑结构重要性系数，然后方可进行分析。

7）弹塑性分析方法相关问题：

（1）弹性分析的局限性。

弹性计算分析及塑性内力重分布分析方法都是基于弹性分析。即使采用塑性内力重分布方法，也是基于弹性计算考虑个别截面弯矩调幅来反映塑性的影响。弹性计算分析方法是将材料的本构关系简化为一个不变的常数（应力-应变为线性关系）——弹性模量。尽管计算大大地得到简化，但计算精度受到不同程度的影响。因为混凝土结构受力之后，基本都处在非线性状态，通常是带裂缝的受力状态。弹性分析很难对结构构件的承载受力规律进行准确的描述，当然也就很难作出准确的内力分析和结构设计了。

（2）材料的本构关系。

组成钢筋混凝土结构的主要材料钢筋和混凝土，线性变形的弹性模量只是其受力变形中极其短暂的过程。经过很短的线弹性阶段以后，材料的本构关系将进入非线性开裂、屈服、强化、极限、下降、残余等复杂的过程。如果结构分析不考虑这些构件实际受力状态的非线性（塑性）问题，则分析结果的偏差就很大。

（3）分析手段。

实际上，学术界和工程设计界早已经意识到弹性分析设计的缺陷和局限性，也一直在探究更为接近实际的非线性分析方法。但是只有到了近代，将结构材料离散化的有限单元分析方法趋于成熟，实验技术发展测定了更精确的材料本构关系和多轴强度准则。加上计算机和设计软件的普遍应用，解决了大量的复杂计算的困难，真正意义上的弹塑性分析才得以实现。

（4）应用范围。

弹塑性分析方法尽管计算精度比较高，可以得到更为符合实际的结果，但这些方法的计算工作量太大，对于一般比较简单的混凝土结构，似乎并没有必要。因此，目前弹塑性分析方法主要用于解决一些特殊、复杂的工程问题：

① 对重要和受力复杂的混凝土结构工程的整体或局部进行弹塑性分析验算。

② 需要对结构进行动力分析；对结构承载力的全过程进行分析；偶然荷载作用下结构防连续倒塌的分析。

③ 需要对挖掘约束混凝土潜力的情况，可以采用混凝土的多轴强度准则进行设计。

8）目前弹塑性分析存在以下几个方面的缺点：

（1）必须假定设计地震作用，而未来可能发生的地震动却不可预测。

（2）复杂应力条件下材料的弹塑性力-变形关系、屈服破坏判定准则至今未有共识。

（3）对于钢筋、混凝土的应变衡量损伤程度，而损伤应变的取值相差较大。如，比较严重损坏的钢筋应变：取值范围 0.01～0.08，最大最小相差 800%；轻微损坏的混凝土压应变：取值范围 0.0006～0.004，最大最小相差 666%；比较严重损坏的混凝土压应变：有的取 0.0027，有的取 0.0033，有的取 1.5 倍的极限应变；还有人认为可考虑短期加载、配筋对混凝土约束的有利作用，可取 0.007，最大最小相差 260%。

（4）计算方法的差异，有的算法稳定，但耗时；有的算法快捷，但未能估计偏差，可能初始差之毫厘，结果失之千里。

（5）结构的地震响应高度依赖于地震动输入的频谱特性、持时，不同的地震动输入，结构响应可能相差几倍。

（6）结果分析判断较为困难。"时程分析的最大反应可能发生在数值化谱的峰值上，也可能落在谷底，纯属偶然"。

（7）常出现这种情况，动力弹塑性分析结果的彩图显示严重破坏的部位却是受力较小的地方，这与工程概念和经验不符。

如美国著名学者、工程师 Bungale s. Taranath 曾指出：应当看到，动力分析本身得到的并不见得能与实际地震时表现一致。正因如此，对非线性时程分析的结果，美国抗震规范 FEMA450 要求由注册专业设计人员和其他有非线性地震分析理论和应用经验的人员组成的独立团队进行审查。

（8）弹塑性时程分析方法的理论基础严格，可以反映地震过程中每一时刻结构的受力和变形状况，从而可以直观有效地判断结构的屈服机制、薄弱部位、预测结构的破坏模式。但计算工作量大，所消耗的时间和资源巨大，所需的数值分析技术要求高；分析所需要的恢复力滞回模型还不十分成熟，而采用不同的恢复力滞回模型得到差异较大的计算结果。

（9）静力弹塑性方法是一种简化的弹塑性分析方法，不需要输入地震波和使用恢复力滞回模型，计算量小，操作简单。静力弹塑性分析又称为推覆分析（pushover analysis），最早是由美国学者 Freeman 等人在 1975 年提出的，但当时没有引起重视。随着 20 世纪 90 年代基于性能的抗震设计理念的产生，世界各国的学者和工程界认识到了该方法的应用价值，纷纷开展这方面的研究，并取得了较大的进展。不少国家的抗震设计规范或指南，如美国应用技术委员会的 ATC-40、美国联邦紧急救援署的 FEMA273 和 274、欧洲规范 Eurocode8、日本、韩国等国的规范逐渐纳入了这一分析方法。世界许多结构分析通用软件，也增加了对结构进行静力弹塑性分析的功能。我国 2001 版《抗规》首次纳入了这种方法。目前，静力弹塑性分析方法已在我国得到较为广泛的应用。但要注意这种方法的适用范围：鉴于此方法的局限性，在应用该方法时应谨慎，需要用工程经验和抗震概念作判断，特别是对于复杂的不规则结构，有必要同时运用几种不同的分析方法作比较。现行国家标准《抗规》GB 50010-2010（2016 版）建议，对于高度在 100m 以下、基本周期小于 3s，比较规则的高层建筑结构，可以采用 pushover 方法。超出这一范围的建筑结构，pushover 方法不再适用。

补充说明：pushover 方法的理论基础不够严密，本质上是一种近似方法。必须认识到pushover 方法是一种基于静力加载的分析方法，无法考虑地震动的持续时间、能量耗散、损伤积累、材料的动态性能等影响因素，因此，它并不能精确地体现所分析结构的动力反应现象。它无法预测到结构在强烈地震作用下的一些重要的变形模式，而且可能会夸大另外的一些变形模式。结构的非线性动力反应可能与基于不变或可调节的静力水平加载模式下的计算结果有较大的差别。同时，该方法也无法反映地震动及结构地震反应的随机性，对具有多种可能破坏形式的结构往往只能得到其中一种破坏形式。

9）为了判断弹塑性计算结果的可靠程度，建议可借助于理想弹性假定的计算结果，从以下几个方面进行工程上的综合分析和判断：

（1）结构弹塑性计算所采用的计算模型，一般可以比结构在多遇地震下反应谱计算时的分析模型有所简化，但二者在弹性阶段的主要计算结果应基本相同，即，从工程所允许的偏差程度看，两种模型的嵌固端、主要振动周期、振型和总地震作用应一致。若计算得到的结果明显异常，则计算方法或计算参数、模型简化存在的问题，需仔细复核、排除。

（2）弹塑性阶段，结构构件和整个结构实际具有的抵抗地震作用的承载力是客观存在的，在计算模型合理时，不因计算方法、输入地震波形的不同而改变。整个结构客观存在的、实际具有的最大受剪承载力（底部总剪力）应控制在合理的、经济上可接受的范围，不需要接近更不可能超过按同样阻尼比的理想弹性假定计算的大震剪力，如果弹塑性计算的结构超过，则该计算的方法、弹塑性计算参数等需认真检查、复核，判断其合理性。

（3）进入弹塑性变形阶段的薄弱部位会出现某种程度的塑性变形集中。由于薄弱层和非薄弱层之间的塑性内力重分布，在大震下结构薄弱层的层间位移（以弯曲变形为主的结构宜扣除整体弯曲变形）应大于按同样阻尼比的理想弹性假定计算的该部位大震的层间位移；如果明显小于此值，则该位移数据需认真检查、复核、判断其合理性。需要注意，由于薄弱楼层和非薄弱楼层之间的塑性内力重分布，大震下非薄弱楼层的层间位移小于按理想弹性假定计算的层间位移，使结构顶点弹塑性位移随结构进入弹塑性程度而变化的规律，与薄弱层弹塑性层间位移的上述变化规律是不相同的，结构顶点的弹塑性位移一般明显小于按理想弹性假定计算的位移。

（4）薄弱部位可借助于上下相邻楼层或主要竖向构件的屈服强度系数的比较予以复核。结构弹塑性时程分析表明，不同的逐步积分方法、不同的波形，尽管彼此计算的承载力、位移、进入塑性变形的程度差别较大，但发现的薄弱部位一般相同，屈服强度系数相对较小的楼层或部位。屈服强度系数具体计算方法可参考《抗规》GB 50010-2010（2016版）第 5.5.2 条。

（5）影响弹塑性位移计算结果的因素很多，现阶段其计算值的离散性、与承载力计算的离散性相比较大。常规设计中，考虑到小震弹性时程分析的波形样本数量较少，而且计算的位移多数明显小于反应谱法的计算结果，需要以反应谱法为基础进行对比分析；大震弹塑性时程分析时，由于阻尼的处理方法不够完善，波形的数量也较少（一般建议尽可能增加数量，如不少于 7 条；数量较少时宜取包络值），不宜直接把计算的弹塑性位移值视为结构的实际弹塑性位移。建议，借助小震的反应谱法计算结果进行分析。

比如：用同一软件、同一波形进行小震弹性和大震弹塑性的计算，得到同一波形、同一部位弹塑性位移（层间位移）与小震弹性位移（层间位移）的比值，然后将此比值取平均或包络值，再乘以反应谱法计算的该部位小震位移（层间位移），从而得到大震下该部位的弹塑性位移（层间位移）的参考值。

4.3.5　混凝土结构应进行结构整体稳定分析计算和抗倾覆验算，并应满足工程需要的安全性要求。

 延伸阅读与深度理解

1）本条主要参考《高规》第 5.4.4 条（强制性条文）。但没有把具体计算公式作为强条给出，这是因为《高规》给出的结构整体稳定性计算方法，一般适用于刚度和质量分布沿竖向均匀的结构。对于刚度和质量分布沿竖向不均匀的结构是不合适的，可采用有限元对整体结构进行稳定分析。

2）高层建筑结构的稳定性验算，主要是控制在风荷载或水平地震作用下，重力荷载产生的二阶效应不致过大，以免引起结构的整体失稳、倒塌。结构的刚度和重量之比（简称"刚重比"）是影响重量 P-Δ 效应的主要参数。

3）如控制结构刚重比，使 P-Δ 效应增幅小于 10%～15%，则 P-Δ 效应随结构刚重比降低而引起的增加比较缓慢；如果刚重比继续降低，则会使 P-Δ 效应增幅加快；当 P-Δ 效应增幅大于 20% 后，结构刚重比稍有降低，会导致 P-Δ 效应急剧增加，甚至引起结构失稳。因此，控制结构刚重比是结构稳定设计的关键。

4）如果结构的刚重比满足《高规》给出公式的规定，则在考虑结构弹性刚度折减50% 的情况下，重力 P-Δ 效应仍可控制在 20% 之内，结构的稳定具有适宜的安全储备。如果结构的刚重比进一步减小，则重力 P-Δ 效应将会呈非线性关系急剧增加，直至引起结构的整体失稳。所以，在水平力作用下，高层建筑结构的稳定性应满足本条规定，不应再放松要求。

5）规范对结构水平位移的限制要求，以控制结构刚度。但是，结构满足位移要求并不一定都能满足稳定设计要求，特别是当结构设计水平荷载较小时，结构刚度虽然较低，但结构的计算位移仍然能满足。但应注意，稳定设计中对刚度的要求与水平荷载的大小并无直接关系。

6）关于整体稳定验算采用《高规》给出的验算公式出现的一些应注意的问题，读者可以参考笔者 2015 年出版的《建筑结构设计规范疑难热点问题及对策》一书的相关内容。

7）规范主编对读者问题的答复：

读者问题：本规范第 4.3.5 条提出结构要进行整体稳定分析，但并没有提出具体要求，实际设计中是否要按照《高规》进行结构刚重比的计算及控制该限值，该条是否要作为强条进行控制？刚重比计算时重力荷载设计值分项系数，通规没有明确要用 1.3 和 1.5。实际如何执行呢？

主编答复：结构的稳定性即整体稳定性和抗倾覆的能力，对所有混凝土结构都有要求，各行业的各类混凝土结构都有要求。现在有很多公路桥梁、铁路桥梁、经常会有倾翻的、翻倒的、破坏的，很严重，它们的整体稳定或抗倾覆的能力都要进行计算，要符合要求。至于是不是按照《高规》计算，首先《高规》的计算方法是按照一个上下均匀、层高均匀、侧向刚度均匀的一个高层建筑推导出的近似公式。因此，《高规》的计算方法不适合纳入通用规范作为通用性的技术规定，但一定要符合工程安全性要求。结构整体稳定性的要求在不同的行业规范里都有，如混凝土空间结构规范、桥梁规范等。混凝土结构设计按现行标准执行就可以（笔者认为这里就是指《高规》），必须考虑结构整体稳定性，保证安全。

8）关于高层混凝土结构整体稳定合理计算问题，读者可以参考笔者已经出版的图书，其中列有诸多种高层建筑案例分析，在此不再赘述。

4.3.6　大跨度、长悬臂的混凝土结构或结构构件，当抗震设防烈度不低于 7 度（0.15g）时应进行竖向地震作用计算分析。

 延伸阅读与深度理解

1）本条引自《高规》第 4.3.2-3 条（强制性条文）。

2）应用注意：

（1）本次不限于高层建筑，就是所有结构均需考虑。笔者认为过于严厉，特别是对悬臂构件来说。但本次作为强条大家还是必须执行的，特别是对于悬挑阳台板。

（2）大跨度一般指跨度大于 24m 的楼盖结构、跨度大于 8m 的转换结构；长悬臂是指悬挑长度大于 2m 的悬挑结构或结构构件。

（3）大跨度、长悬臂的混凝土结构或结构构件应计算其自身及其支承部位结构的竖向地震效应。

（4）《高规》第 4.3.2-1，2，4 条均已放在《建筑与市政工程抗震通用规范》GB 55002-2021 第 4.1.2 条。

4.4　构件设计

4.4.1　混凝土结构构件应根据受力状况分别进行正截面、斜截面、扭曲截面、受冲切和局部受压承载力计算；对于承受动力循环作用的混凝土结构或构件，尚应进行构件的疲劳承载力验算。

延伸阅读与深度理解

本条规定了混凝土构件承载力计算、验算要求。构件设计是在得出结构效应（内力）之后的具体构件设计工作，可以用八个字概括：压、弯、剪、扭，板、梁、柱、墙。前四个字是指配筋计算，包括承载力计算和使用状态验算；后四个字是指基本构件。这些都属于构件层次上的设计工作，内容非常庞大，但构件设计这部分内容已经相对稳定，几十年来没有太大变化，只有局部改动。

4.4.2 正截面承载力计算应采用符合工程需求的混凝土应力-应变本构关系，并应满足变形协调和静力平衡条件。正截面承载力简化计算时，应符合下列假定：

1 截面应变保持平面；

2 不考虑混凝土的抗拉作用；

3 应确定混凝土的应力-应变本构关系；

4 纵向受拉钢筋的极限拉应变取为 0.01；

5 纵向钢筋的应力取钢筋应变与其弹性模量的乘积，且钢筋应力不应超过钢筋抗压、抗拉强度设计值；对于轴心受压构件，钢筋的抗压强度设计值取值不应超过 $400\text{N}/\text{mm}^2$；

6 纵向预应力筋的应力取预应力筋应变与其弹性模量的乘积，且预应力筋应力不应大于其抗拉强度设计值。

 延伸阅读与深度理解

1）本条规定了混凝土结构构件正截面承载力计算的原则要求及简化计算时的基本假定。这条主要是从构件的层次上解决结构构件的强度计算问题，承载力问题主要以钢筋屈服和混凝土压碎作为强度计算的依据。

2）混凝土构件的最大优势是抗压强度高，缺点是抗拉强度极低。因此，在承载力设计中应充分发挥其受压作用而不考虑其受拉性能，所有的拉力均由钢筋承担。这是正截面承载力计算的基本特点。由于拉、压正应力分布的不同，正截面承载力有各种不同的受力形态。

3）因为受压构件中，钢筋和混凝土共同受压，其应力受混凝土的极限应力控制，所以采用高强钢筋时，受压钢筋达不到屈服强度，不能充分发挥其高强度的作用。

4）本条对正截面承载力计算方法作了基本假定。

5）平截面假定：

（1）试验表明，在纵向受拉钢筋的应力达到屈服强度之前及达到屈服强度后的一定塑性转动范围内，截面的平均应变基本符合平截面假定。因此，按照平截面假定建立判别纵向受拉钢筋是否屈服的界限条件和确定屈服之前的应力 σ_s 是否合理。平截面假定作为计算手段，即使钢筋已达屈服，甚至进入强化段时，也还是可行的，计算值与试验值符合较好。

引用平截面假定可以将各种类型截面（包括周边配筋截面）在单向或双向受力情况下的正截面承载力计算贯穿起来，提高了计算方法的逻辑性和条理性，使计算公式具有明确的物理概念。

引用平截面假定也为利用电算进行混凝土构件正截面全过程分析（包括非线性分析）提供了必不可少的截面变形条件。国际上的主要规范，均采用了平截面假定。

（2）混凝土的应力-应变曲线随着混凝土强度的提高，混凝土受压时的应力应变曲线将逐渐变化，其上升段将逐渐趋向线性变化，且对应于峰值应力的应变稍有提高；下降段趋于变陡，极限应变有所减少。为了综合反映低、中强度混凝土和高强混凝土的特性。临界受压区相对高度：混凝土压溃与钢筋屈服（标志为裂缝宽度大于 1.5mm）同时发生，是介于脆性破坏和延性破坏之间的临界点（图 2-4-18）。

（3）纵向受拉钢筋的极限拉应变。

纵向受拉钢筋的极限拉应变本规范规定为 0.01，作为构件达到承载能力极限状态的标志之一。对有物理屈服点的钢筋，该值相当于钢筋应变进入了屈服台阶；对无屈服点的钢筋，设计所用的强度是以条件屈服点为依据的。极限拉应变的规定是限制钢筋的强化强度，同时，也表示设计采用的钢筋的极限拉应变不得小于 0.01，以保证结构构件具有必要的延性。对预应力混凝土结构构件，其极限拉应变应从混凝土消压时的预应力筋应力 δ_{po} 处开始算起。

对非均匀受压构件，混凝土的极限压应变达到 ε_{cu} 或者受拉钢筋的极限拉应变达到 0.01，即这两个极限应变中只要具备其中一个，就标志着构件达到了承载能力极限状态。

6）混凝土构件受力类型。

混凝土构件正截面受力的类型有 7 种，分别为轴压、小偏压、大偏压、受弯、小偏拉、大偏拉及轴拉。其受力形态的相互关系及过渡如图 2-4-19 所示，其中大、小偏心受压以界限配筋的临界压区相对高度 ξ_b 为界，区分了延性破坏与非延性破坏的状态。而大、小偏心受拉，则以合力作用点处在截面的内、外作为分界。

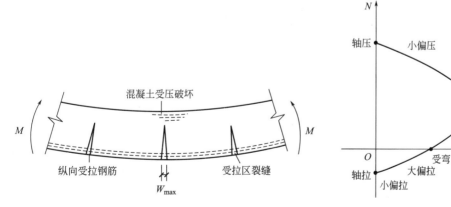

图 2-4-18　正截面破坏的临界状态图　　　图 2-4-19　正截面承载力类型图

一般混凝土构件受弯梁的弯矩及裂缝分布是：跨中为正弯矩，裂缝在梁底；支座为负弯矩，裂缝在梁的支座上部，如图 2-4-20 所示。正常情况下的弯曲破坏属于延性破坏，当配筋过多而超过界限配筋时，往往引起受压区压力过大，混凝土受压破碎、崩溃而钢筋未屈服，从而发生非延性破坏，如图 2-4-21 所示。

图 2-4-20　适筋梁的弯曲及裂缝分布

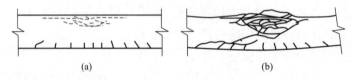

(a)　　　　　　　　　　　(b)

图 2-4-21　超筋梁的破坏及裂缝分布

4.4.3　对大体积或复杂截面形状的混凝土结构构件进行应力分析和设计时，应符合下列规定：

1　混凝土和钢筋的强度取值及验算应符合本规范第 4.1.3 条的规定；

2　应按主拉应力设计值的合力在配筋方向的投影确定配筋量、按主拉应力的分布确定钢筋布置，并应符合相应的构造要求。

 延伸阅读与深度理解

1）本条针对大型截面或复杂截面形状混凝土构件的承载力设计规定。

2）对于混凝土结构中的二维、三维非杆系构件，可采用弹性或弹塑性方法求得其主应力分布，其承载力极限状态设计应符合《混凝土规》GB 50010-2010（2015 版）第 3.3.2 条、第 3.3.3 条的规定，宜通过计算配置受拉区的钢筋和验算受压区的混凝土强度。

3）受拉钢筋的配筋量可根据主拉应力的合力进行计算，但一般不考虑混凝土的抗拉设计强度；受拉钢筋的配筋分布可按主拉应力分布图形及方向确定。

4）受压钢筋可根据计算确定，此时可由混凝土和受压钢筋共同承担受压应力的合力。受拉钢筋或受压钢筋的配置均应符合相关构造要求。

4.4.4　混凝土结构构件的最小截面尺寸应符合下列规定：

1　矩形截面框架梁的截面宽度不应小于 200mm；

2　矩形截面框架柱的边长不应小于 300mm，圆形截面柱的直径不应小于 350mm；

3　高层建筑剪力墙的截面厚度不应小于 160mm，多层建筑剪力墙的截面厚度不应小于 140m；

4　现浇钢筋混凝土实心楼板的厚度不应小于 80mm，现浇空心楼板的顶板、底板厚度均不应小于 50mm；

5 预制钢筋混凝土实心叠合楼板的预制底板及后浇混凝土均不应小于 50mm。

 延伸阅读与深度理解

1）本条参考了《混凝土规》GB 50010-2010（2015 版）、《高规》、《装配式混凝土结构技术规程》JGJ 1-2014 的有关要求，但原要求均不是强条。

根据 2008 年汶川地震震害经验表明，当框架梁、柱截面选用过小时，即使按要求完成了抗震设计，由于多种偶然因素影响，结构中的框架柱仍有可能震害偏重。为此对框架柱提出最小截面要求，目的是抵御地震风险的基本能力。

2）为了保证框架梁对框架节点的约束作用，以及减小框架梁塑性铰区段在反复受力下侧屈的风险，框架梁的截面宽度不应小于 200mm。但应注意，这里不包括剪力墙结构中的连梁（无论跨高比大小）。理由是《抗规》编委对原抗规这条的解释：

问题：《抗规》第 6.3.1 条规定：框架梁的截面宽度不宜小于 200mm，对于抗震墙结构中的框架梁（跨高比不小于 5 的连梁），是否必须满足此要求？

答复：抗震规范对框架梁的截面宽度作出下限规定，目的是保证框架梁对框架节点的约束作用，防止因梁的截面宽度过小，约束不足导致框架节点在强震作用下过早的破坏失效。

因此，对于抗震墙结构中少量的框架梁以及跨高比不小于 5 的连梁，不要求必须满足框架梁宽度不小于 200mm 的要求。在结构计算的各项控制指标满足的情况下，可采用与墙同宽。

3）本规范主编对这个问题的解读（公开发表资料摘录）。

（1）问题：本规范第 4.4.4 条规定，"框架梁的梁宽不应小于 200mm"，是否也适应剪力墙结构或框架-剪力墙结构中跨高比大于等于 5 的连梁（跨高比大于等于 5 的连梁宜按框架梁进行设计）？本次不再区分房屋高度及层数等因素。对于框架结构楼梯间的梯柱是否需要满足此要求？

答复：连梁一般是指剪力墙平面内的两个墙肢之间在平面内的一个梁。连梁一个特点就是跨高比较小，截面高度较大，它的受力形态和框架梁不一样。反过来看，跨高比大于 5 的梁不能算。

按《高规》第 7.1.3 条规定，跨高比不小于 5 的连梁宜按框架梁设计，指的是连梁根据受力及性能，按照框架梁来设计。

框架梁和连梁设计方法不一样。如纵筋的设计，连梁纵筋设计基本上顶、底是一样对称配筋的，箍筋的设计也是和框架梁不一样的，基本上是均匀配筋，不太区分加密不加密区。连梁更多的是在水平荷载作用下的受力形态，框架梁如果跨度大，在很多的时候还是楼面荷载传过来竖向荷载作用下的受力形态，所以它们的受力形态、破坏形态不一样。因此《高规》第 7.1.3 条实际上更多的是讲它的设计方法，而不是界定连梁就是框架梁的意思。

（2）问题：本规范第 4.4.4 条要求框架柱最小截面边长 300mm，是否必须严格执行？可否按照面积等效处理？对楼梯柱，是不是需要执行？出屋面小柱是不是需要执行？

答复：关于框架柱的最小截面尺寸，主要指矩形截面的短边，最细最小的那个边不应小于300mm，不能等效。即使按面积等效或其他等效，这个最小的边长也不能小于300mm。最小截面边长的规定要严格执行，但不意味着执行了最小截面边长不小于300mm就安全，这只是很多条件里面的一个。

判断楼梯柱、出屋面小柱或其他柱要不要执行这一条的一个条件，是它属不属于抗震抗侧力构件，或者说它破坏以后的影响程度，也就是与设计目标和预期有关系。如果它破坏后影响很大，那么肯定要执行这条。如果它破坏后无所谓，对什么都没有影响，那么可以认为是次要的小柱子，不一定要执行这一条。

楼梯间里面的平台端柱，如果与结构其他抗侧力构件共同工作，承担水平荷载，那么受力比较复杂，而且破坏后对逃生通道影响非常大，要严格执行。

4）笔者对楼梯梯柱的看法。

有位朋友网上咨询笔者这样的问题：

问：本规范里对于柱子最小截面的要求边长不小于300mm，适用范围是否可以放松，比如楼梯半层高处休息平台的梯柱，顶层局部出屋面机房层起的梁上柱？这些柱往往受到下层布置的制约只能做200mm宽。

笔者答复：个人认为不需要，但估计很多审图不同意。

楼梯在地震后，理论上应是人员逃离的生命"安全岛"，这个说法没有问题，但要思考以下几个问题：

（1）实际工程中，大家对于楼梯是如何设计的？比较常见的是否是如图2-4-22所示的做法（休息平台柱往往都是由楼层框架梁上起来）？

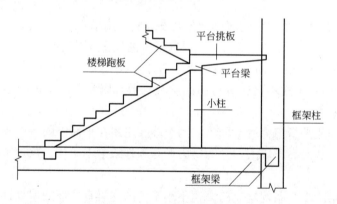

图2-4-22　楼梯常规做法

但在一些震后发现，楼梯间往往由于此种做法，把框架柱形成了短柱而破坏，如图2-4-23所示。

（2）试问地震时或地震后，如果建筑垮塌，有几个人能够由楼梯逃离出来呢？

（3）我们现在的常用软件，对楼梯是如何考虑其参与整体计算的（框架结构对于未采用滑动支座的）？

（4）另外，看看《建筑防火设计规范》GB 50016-2014对楼梯间楼梯的耐火极限要求。

比如耐火等级为一级的建筑物：

防火墙、承重墙、承重柱要求耐火极限不低于3.0h；

图 2-4-23 楼梯间震后破坏

楼梯间和前室的墙、电梯井墙，梁等耐火极限不低于 2.0h；

对于楼板、屋顶承重构件、疏散楼梯要求耐火极限不低于 1.5h。

基于此，笔者认为，发生火灾时，楼梯才是真正的人员逃离通道，而并非地震时的逃离通道。

（5）基于以上分析，主要观点如下：

① 如果楼梯如采用滑动支座，梯柱应该不需要满足最小截面宽 300mm 的要求。

② 对于楼梯未采用滑动的梯柱，特别是仅用于支承各休息平台的柱，可以不满足宽 300mm 最小截面要求。

③ 如果楼梯没有采用滑动支座，且梯柱是上下连续（即由基础直至顶部）的梯柱，梯柱截面应满足宽 300mm 的要求；

【问题咨询】某位审图师咨询笔者这样一个问题。

某 7 度区 4 层医院建筑（非重点防御区），设计院采用钢筋混凝土框架结构，柱截面取 300mm×700mm，设防类别为乙类，抗震等级为二级。

设计院解释，"通规"只规定矩形截面框架柱的边长不应小于 300mm。

请问满足这个底线就行吗？

【笔者答复】应该不合适。理由如下。

（1）《抗规》GB 50011-2010（2016 版）第 6.3.5 条并没有作废，见具体条文：

6.3.5 柱的截面尺寸，宜符合下列各项要求：

1 截面的宽度和高度，四级或不超过 2 层时不宜小于 300mm，一、二、三级且超过 2 层时不宜小于 400mm；圆柱的直径，四级或不超过 2 层时不宜小于 350mm，一、二、三级且超过 2 层时不宜小于 450mm。

2 剪跨比宜大于 2。

（2）当然设计院可能会说，这里是"宜"可以不遵守。不过笔者建议这个建筑是重点设防分类建筑，还是遵守为好。

4.4.5 混凝土结构中普通钢筋、预应力筋应采取可靠的锚固措施。普通钢筋锚固长

度取值应符合下列规定：

1 受拉钢筋锚固长度应根据钢筋直径、钢筋及混凝土抗拉强度、钢筋的外形、钢筋锚固端的形式、结构或结构构件的抗震等级进行计算；

2 受拉钢筋锚固长度不应小于200mm；

3 对受压钢筋，当充分利用其抗压强度并需锚固时，其锚固长度不应小于受拉钢筋锚固长度的70%。

延伸阅读与深度理解

1）本条参考规范：《混凝土规》GB 50010-2010（2015版）第8.3.1条（非强制性条文）。

2）我国钢筋强度不断提高，结构形式的多样性也使锚固条件有了很大的变化，根据近年来系统试验研究及可靠度分析的结果，并参考国外标准，规范给出了以简单计算确定受拉钢筋锚固长度的方法。

3）规范编制人员对这个问题的解读。

问题：本规范第4.4.5条中锚固长度要求，如果按照《混凝土规》要求及图集的要求，梁梁刚接锚固长度很难满足，设计中是否主次梁只能铰接？另外，次梁的锚固长度 $0.35l_{ab}$ 是必须执行吗？次梁刚接锚固长度 $0.6l_{ab}$ 必须执行吗？次梁刚接时，水平锚固长度不小于 $0.6l_{ab}$，而框架梁端部水平直锚长度只需满足 $0.4l_{ab}$ 即可，要求反而还低些，这是否可能是编写错误呢？次梁刚接满足 $0.6l_{ab}$ 太高了，框架梁经常都需要做很宽。或者还有一种理解，$0.6l_{ab}$ 是否是包括水平段＋弯锚段的长度呢？作为审查人员，现在要完全满足本规范对锚固的要求吗？

答复：这个问题涉及本规范的两条条文：一是第4.4.5条，钢筋要有可靠的锚固措施以及普通钢筋锚固长度的一些基本要求，如钢筋直径、强度、外形、锚固端的形式等，这是最低要求。二是第2.0.6条，普通钢筋和预应力筋一定要采取措施保证钢筋和混凝土的协同工作，其中一个要求就是钢筋的锚固长度。所以，本规范中关于钢筋锚固长度有关规定肯定要执行，至于图集上的规定，由设计师根据实际情况确定是否要执行。

次梁刚接时，水平段的最小锚固长度需要满足 $0.6l_{ab}$，就是考虑折扣之后，锚固长度不能小于基本长度的60%，而框架梁端部水平直锚长度要满足 $0.4l_{ab}$，尽管通用规范没有写，但这是《混凝土规》的规定。这些规定没有错，节点核心区之所以为 $0.4l_{ab}$，其他情况为 $0.6l_{ab}$，是因为混凝土结构钢筋的锚固长度除与上述因素有关外，还与混凝土的约束情况有关。如果一个三面约束的混凝土，即三面受压，那么它的约束情况就非常好，钢筋的锚固长度就比较短。梁柱节点核心区有上下柱约束，有前后左右的楼板和梁约束，因此核心区的混凝土约束条件好，相对于其他区域长度可以简单（笔者认为这里"简单"应该是"减短"）。经过研究，原来取 $0.4l_{ab}$，最早取 $0.45l_{ab}$，到2010版混凝土结构设计规范就取了 $0.4l_b$（笔者认为这里是 l_{ab}），所以不是规定错了，而是约束条件不同。有很多设计师反馈达不到锚固长度，该怎么办，那就采取措施，比如机械措施，或者加宽梁截面。混凝土高规上也有相关条文，除了梁梁连接，还有梁墙连接，在墙面外做一个端头。

4）钢筋锚固机理问题。

混凝土结构由钢筋和混凝土两种材料组成，钢筋承受了全部拉力。但是钢筋受力的条件是端部必须有可靠的锚固，否则就无法持力。因此，锚固实现了钢筋和混凝土之间的传递力及变形协调，是结构构件承载受力的基础。受力钢筋一旦失去锚固，将无法承载，构件就会解体，结构就有可能倒塌。因此，保证钢筋的锚固作用特别重要，为此，本次将其提升为强制要求。

5）钢筋与混凝土之间的锚固作用由四部分力构成，界面上的胶结力、摩阻力、横肋与混凝土内的咬合力以及端部弯钩或锚板的机械挤压力（图2-4-24）。胶合力很小，一旦滑移即消失。摩阻力也很小，而且随滑移发展而逐渐减小，只有钢筋与混凝土的咬合才是锚固作用的主力。而钢筋端部的机械挤压也具有很大的锚固力，但只有在相对滑移较大时才起作用。

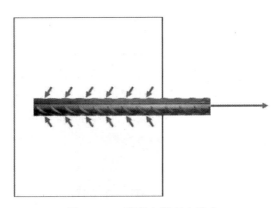

图 2-4-24　混凝土握裹力示意

锚固承载力要求锚固破坏强度不低于钢筋的屈服强度，此外正常使用也要求界面相对滑移（锚固变形）不能过大，以控制裂缝的宽度。影响锚固抗力的因素很多，经试验研究，已能定量确定的主要因素有：钢筋的外形和强度、混凝土强度、锚固长度、保护层厚度、配箍状态、锚固位置、侧向压力等，严格的计算非常复杂和烦琐。

钢筋端部机械锚固的抗力与局部承压问题类似，与挤压面积和局部区域的配筋有关。钢筋端部机械锚固力只有在滑移较大时才发挥作用，而机械锚固力在总锚固作用中所起的作用和承载比例也呈不断变化的趋势，因此，钢筋机械锚固问题也十分复杂。

6）锚固力与两种材料的界面面积有关，故确定锚固长度是锚固设计的首要任务。当锚固长度不足时，应以钢筋端部的机械锚固作为补充。此外，为了保证必需的锚固条件，锚固区域应采取一定的构造措施，这些就是锚固设计的主要内容。

7）国外规范多采用比较复杂的计算方法确定锚固长度，以充分反映各种因素对锚固的影响。而我国一直采用通过理论分析和试验，给出比较简单的计算方法，并增加了以锚固条件修正锚固长度的方法，采用锚固长度修正系数表达。

（1）不利条件。

由于粗钢筋（当带肋钢筋直径大于25mm）的相对肋高较小，对锚固不利，需要乘以1.1的修正系数；采用滑模施工扰动混凝土咬合，影响锚固，也应乘以修正系数1.1；当为了防腐采用环氧涂层筋表面光滑，锚固性能较差，也应乘以修正系数 1.25。

（2）有利条件。

当被锚固的钢筋保护层厚度为 $3d \sim 5d$ 时，锚固作用增强，可以乘以系数 $0.7 \sim 0.8$ 修正；锚固钢筋的实际面积大于其设计计算面积时，可以考虑按计算面积与实际配筋之比进行修正，但注意，此项不能用于抗震、承受动荷载的构件。这两种情况在实际工程中十分普遍，可以加以利用而减小锚固长度。如：节点处混凝土保护层很厚，需要锚固的钢筋端部往往处在应力比较小的部分，实际应力并不高，这些有利条件都可以用来减小锚固长度。

（3）最小锚固长度。

上述锚固长度的修正系数可以连乘计算，但是为了保证起码的锚固作用和结构安全，应有最小锚固长度的限制。各种修正后的锚固长度不应小于 0.6 倍基本锚固长度（$0.6l_{ab}$）以及 200mm 的较大值。

（4）特别注意对于锚固区的构造要求。

当钢筋在锚固区混凝土保护层厚度不大于 $5d$ 时，锚固范围内应配置横向构造钢筋加以约束，根据试验研究及工程经验，横向钢筋的直径应不小于 $0.25d$，对梁、柱等杆状构件箍筋间距不大于 $5d$，对墙、板等面状构件分布筋间距不大于 $10d$，且都不应大于 100mm。

如图 2-4-25 所示，是本规范对剪力墙连梁纵向钢筋在剪力墙的锚固。依据此要求，对于顶层连梁要求在锚固区增加箍筋。

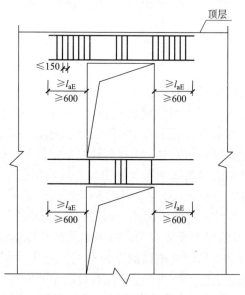

图 2-4-25 连梁配筋构造示意

8）钢筋的机械锚固形式。

钢筋锚固长度不足或为了减小锚固长度，均可以考虑在钢筋端部设置弯钩或机械锚头。利用锚头的挤压力承载，将相当部分的锚固力集中于钢筋端部，这种做法称为钢筋的机械锚固。依靠钢筋的筋端弯钩及机械锚头，可以一直承载到钢筋屈服，因此机械锚固不存在锚固承载力的问题。但是，当机械锚固真正发挥作用时，钢筋的滑移已经很大了。因此仍然需要配合一定的锚固长度，以控制钢筋的滑移，这实际是控制裂缝宽度的问题。现阶段常用机械锚固如图 2-4-26 所示。具体机械锚固的要求可参见《混凝土规》的相关规定。

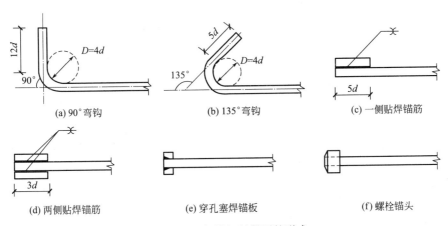

(a) 90°弯钩　　(b) 135°弯钩　　(c) 一侧贴焊锚筋

(d) 两侧贴焊锚筋　　(e) 穿孔塞焊锚板　　(f) 螺栓锚头

图 2-4-26　钢筋机械锚固的形式

9）受压钢筋的锚固问题：

（1）受压锚固机理。立柱及桁架上弦等均为受压构件，有钢筋受压锚固的问题，即使受弯构件中，也存在受压钢筋，因此同样存在受压锚固承载力的问题。钢筋的受压锚固与其所受的约束程度有关。一般钢筋端面的挤压和钢筋的镦粗效应，都有利于锚固传力。因此，受压锚固比受拉锚固有利，锚固长度可以适当减小。

（2）受压锚固长度。根据试验研究、可靠度分析、工程经验并参考国外规范，受压锚固长度为相应受拉锚固长度的 0.7 倍（$0.7l_b$）。

（3）受压锚固的方向。考虑钢筋偏压屈曲的影响，受压钢筋不能采用偏压的形式。末端弯够［图 2-4-26（a）、（b）、（e）］的锚固形式，不得用于受压锚固的情况。

10）采用机械锚固可以适当减小锚固区钢筋密集问题。

如图 2-4-27 所示为中间层梁柱端节点梁筋锚固，图 2-4-28 所示为顶层中柱节点柱钢筋锚固。

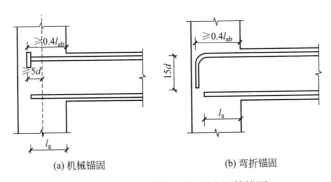

(a) 机械锚固　　(b) 弯折锚固

图 2-4-27　中间层梁柱端节点梁筋锚固

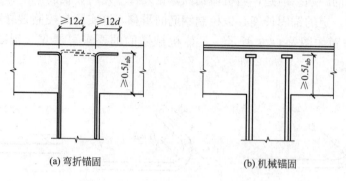

图 2-4-28　顶层中柱节点柱钢筋锚固

【读者问题】这是读者咨询图集 16G101-1 及 20G329-1 中的问题。问为什么墙身竖向分布钢筋搭接是 $1.2l_{aE}$，而边缘构件纵向钢筋搭接是 l_{lE} 呢（图 2-4-29）？

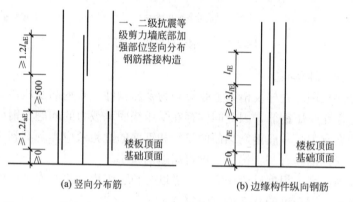

图 2-4-29　剪力墙底部竖向分布筋钢筋、边缘构件纵向钢筋搭接示意

笔者解释：剪力墙分布钢筋以受压为主，根据《混凝土规》第 8.4.5 条，受压钢筋搭接长度为受拉搭接的 70%；第 6.2.19 条剪力墙暗柱内钢筋可能受压也有可能受拉，所以暗柱内按受拉钢筋的搭接长度 L_{lE}；而根据《混凝土规》第 11.1.7 条受拉搭接长度可能为 $1.2l_{aE}$、$1.4l_{aE}$、$1.6l_{aE}$，受压搭接长度可取 0.7 倍，受压钢筋搭接时搭接率不受限制，最多可以达到 100%，此时 $0.7 \times 1.6 \times l_{aE} = 1.12l_{aE}$，取 $1.2l_{aE}$。

4.4.6　除本规范另有规定外，钢筋混凝土结构构件中纵向受力普通钢筋的配筋率不应小于表 4.4.6 的规定值，并应符合下列规定：

1　当采用 C60 以上强度等级的混凝土时，受压构件全部纵向普通钢筋最小配筋率应按表中的规定值增加 0.10% 采用；

2　除悬臂板、柱支承板之外的板类受弯构件，当纵向受拉钢筋采用强度等级 500MPa 的钢筋时，其最小配筋率应允许采用 0.15% 和 $0.45f_t/f_y$ 中的较大值；

3　对于卧置于地基上的钢筋混凝土板，板中受拉普通钢筋的最小配筋率不应小于 0.15%。

表 4.4.6　纵向受力普通钢筋的最小配筋率（%）

受力构件类型			最小配筋率
受压构件	全部纵向钢筋	强度等级 500MPa	0.50
		强度等级 400MPa	0.55
		强度等级 300MPa	0.60
	一侧纵向钢筋		0.20
受弯构件、偏心受拉、轴心受拉构件一侧的受拉钢筋			0.20 和 $0.45f_t/f_y$ 中的较大值

 延伸阅读与深度理解

1）最小配筋率的意义

所有的混凝土结构构件都必须配置钢筋，但是配筋过小时就算作是素混凝土结构。而钢筋的最小配筋率是区分钢筋混凝土结构与素混凝土结构的界限，小于最小配筋率的钢筋在设计中不再作为受力筋考虑，而只作为构造配置。

2）受拉钢筋的最小配筋率是根据"开裂即破坏"的概念而确定的。该原理至今仍直接作为确定构件最小配筋率的计算原则。图 2-4-30 所示为受拉普通钢筋开裂前后的受力状态。开裂前受拉区混凝土已呈塑性，中性轴下降（约 $0.45h$），拉应力呈矩形分布，总拉应力约为 $0.45bhf_t$（图 2-4-30a）；开裂以后全部拉力转由受拉普通钢筋承担，如果此时普通钢筋屈服，拉力为 A_sf_y（图 2-4-30b），根据开裂即破坏的条件就可以推导出相应的最小配筋率为 $0.45f_t/f_y$（单位%）。

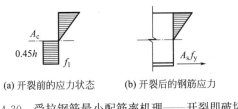

(a) 开裂前的应力状态　　(b) 开裂后的钢筋应力

图 2-4-30　受拉钢筋最小配筋率机理——开裂即破坏

由此可以看出，最小配筋率与混凝土强度及钢筋强度有关，混凝土强度越高材料越"脆"，而对破坏形态不利，故混凝土强度等级与最小配筋率成正比，钢筋可以提高结构材料延性，所以钢筋强度越高，最小配筋率越小。

除了"开裂即破坏"为控制条件以外，从结构构造的角度，还提出了最小配筋率 0.20% 的绝对值要求。因此，实际设计时采取双控的形式。

注意：由于上述计算开裂前混凝土的拉力时，保护层中的混凝土也是起作用的，因此计算构件最小配筋率时，应该是构件全截面面积（bh）而非有效面积（bh_0）。

3）配筋率是影响钢筋混凝土结构构件受力特征的重要参数，配筋率大小影响结构构件的破坏形态，控制最小配筋率的目的是防止构件发生类似于素混凝土结构的脆性破坏。

4）纵向受拉钢筋最小配筋率要求针对受弯构件、轴心受拉构件、偏心受拉构件的受拉钢筋提出。纵向受拉钢筋按一侧钢筋计算最小配筋率，以"截面开裂后，构件不致立即失效（裂而不断）"为原则确定其数值。根据以上原则，最小配筋率数值可由极限弯矩大于开裂弯矩进行计算，并可推导为与配筋特征值（f_t/f_y）相关的数值，其中：f_t为混凝土抗拉强度设计值，f_y为钢筋的抗拉强度设计值。规范综合考虑了影响混凝土裂缝开裂及扩展的施工等其他因素，通过0.20％和配筋特征值（$0.45f_t/f_y$）双控的方式控制纵向受拉钢筋的最小配筋百分率。

5）通规主编对这个问题的解读（公开发表资料摘录）。

问题：本规范第4.4.6条："除悬臂板、柱支承板之外的板类受弯构件，当纵向受拉钢筋采用强度等级500MPa的钢筋时，其最小配筋率应允许采用0.15％和$0.45f_t/f_y$中的较大值"。本条仅对受拉钢筋采用500MPa钢筋时的放松要求，对于600MPa钢筋如何执行未作要求，如何执行？若采用CRB600H钢筋，最小配筋率是否允许采用0.15％和$0.45f_t/f_y$的较大值？

答复：规范条文写的是500MPa，实际是500MPa以上，包括600MPa的钢筋，都允许采用0.15％和$0.450.45f_t/f_y$中的较大值。

规范第2.0.3条、2.0.4条、3.2.1条、3.2.2条分别对钢筋性能、强度取值、材料分项系数、延伸率都有规定。使用的钢筋一定要满足规范的要求，如第3.2.2条，钢筋的延伸率要大于5％，材料分项系数不能小于1.25等，这是最基本的。不是说随便一个冷加工钢筋，只要强度高就可以用到混凝土结构里。

如果板按照弹塑性设计，考虑塑性内力重分布，希望出现塑性铰，那么对钢筋的性能，包括CRB600H钢筋，则可能有更高要求，在大变形下钢筋拉不断，延伸率可能就要大于5％。而一般的设计，在地震状态下，楼板不破坏，按照规范规定就可以。楼板的设计与设计方法、目标、受力形态有关系，总之除悬臂板、柱支承板之外的板类受弯构件，当纵向钢筋采用强度等级不小于500MPa的钢筋时，其最小配筋率应允许采用0.15％和$0.45f_t/f_y$中的较大值。

6）对除悬臂板、柱支承板之外的板类受弯构件，仅允许采用HRB500级时，最小配筋率0.15％和$0.45f_t/f_y$中的较大值。

注意：原规范是HRB400与HRB500均可。其实是这样的：我们现在设计混凝土强度等级一般采用C30及以上（HRB500最低C30）。

对于500MPa的钢筋：$45×1.43/435=0.148％$（HRB500）$<0.15％$。

对于400MPa的钢筋：$45×1.43/360=0.179％$（HRB400）$>0.15％$。

【问题讨论1】经常有朋友咨询CRB600H最小配筋率可否采用0.15％和$0.45f_t/f_y$的较大值？

笔者观点：理应可以，理由如下：

看看HRB500及CRB600H的强度设计值：

HRB500　　500/1.15=435N/mm²

CRB600H　540/1.25=435N/mm²

其实这里本意是：除悬臂板、柱支承板之外的板类受弯构件，当纵向受拉钢筋采用强度等级不小于500MPa的钢筋时，其最小配筋百分率应允许采用0.15％和$0.45f_t/f_y$中的较大值。

7）对于卧置于地基上的板，板中受拉钢筋最小配筋率不应小于 0.15%（《混凝土规》第 8.5.2 条非强制性条文）。

8）纵向受压钢筋最小配筋率要求针对轴压、偏压构件中一侧或全部的受力钢筋提出，偏心受拉构件中的受压钢筋最小配筋率也应按受压构件一侧纵向钢筋考虑。规定受压钢筋最小配筋率的目的是要求钢筋承受一定比例的荷载作用，以保证受压构件具有一定的延性，避免混凝土突然压溃引发的非延性破坏。

9）受压构件具有必要的刚度和抵抗偶然偏心作用的能力。纵向受压钢筋最小配筋率也可从理论上推导出与配筋特征值（f_c/f_y）相关的数值，规范从使用方便角度考虑，已按不同强度等级钢筋提出了全部纵向受压钢筋的最小配筋率，并规定一侧纵筋最小配筋率的要求。考虑混凝土强度的影响，还提出了采用 C60 以上强度等级混凝土时全部纵向钢筋最小配筋百分率要求增加 0.10 的规定。

10）混凝土结构构件最小配筋率计算时，配筋率一般按构件全截面进行，其中受弯构件、大偏拉受拉构件一侧受拉钢筋的配筋率计算，应按全截面扣除受压翼缘面积（$b_f' - b$）h_f 后的截面面积计算。

11）本条参考现行国家标准《混凝土规》GB 50010-2010（2015 版）第 8.5.1 条（强制性条文）、第 8.5.2 条和第 9.4.5 条（非强制性条文）。

12）受压构件最小配筋率的目的是改善其性能，避免由混凝土突然压溃，并使受压构件具有必要的刚度和抵抗偶然偏心作用的能力。

【问题讨论 2】《混凝土规》GB 50010-2010（2015 版）第 8.5.3 条是否还可以采用？

第 8.5.3 条原文如下：

8.5.3　对结构中次要的钢筋混凝土受弯构件，当构造所需截面高度远大于承载的需求时，其纵向受拉钢筋的配筋率可按下列公式计算：

$$\rho_s \geqslant \frac{h_{cr}}{h} \rho_{min} \tag{8.5.3-1}$$

$$h_{cr} = 1.05 \sqrt{\frac{M}{\rho_{min} f_y b}} \tag{8.5.3-2}$$

式中：ρ_s——构件按全截面计算的纵向受拉钢筋的配筋率；

ρ_{min}——从向受力钢筋的最小配筋率，按本规范第 8.5.1 条取用；

h_{cr}——构件截面的临界高度，当小于 $h/2$ 时取 $h/2$；

h——构件截面的高度；

b——构件的截面宽度；

M——构件的正截面受弯承载力设计值。

（1）实际工程结构中，还有不少因构造要求或使用功能的需要，截面高度很大而承载内力极小的构件。若按最小配筋率的规定进行配筋，就会出现截面越大，配筋就要求越多的不合理结果。为减少不必要的浪费，《混凝土规》GB 50010-2010（2015 版）在保证安全的条件下，就这种情况的最小配筋作出了局部调整。例如，对卧置于地基上的混凝土基础筏板，最小配筋率可以适度降低，统一取为 0.15%。

（2）结构中受力次要的大截面受弯构件（如筏板基础等），往往实际承载弯矩非常小。若按很大的截面计算最小配筋率进行配筋，就太不合理了。可以用实际弯矩 M 和最小配

筋率 ρ_{min} 返求其临界高度 h_{cr}，即在此临界高度下的最小配筋 A_{min} 已足可承受实际弯矩 M。则在截面高度继续加大的情况下，仍可维持原有的实际配筋（最小配筋 A_{min}）不变。虽然配筋率 ρ 已经减少到最小配筋率以下，但应仍能保证构件应有的受弯承载力。

（3）规范主编对读者的答复。

问题：本规范执行后，《混凝土规》第8.5.3条对次要钢筋混凝土受弯构件最小配筋率的调整规定还可以继续执行吗？其主要用在钢筋混凝土女儿墙及凸窗窗台之类的地方。

答复：《混凝土规》第8.5.3条是规范第2010版新加的，可以有条件地减小某一些混凝土构件的最小配筋率，也就是少配筋混凝土结构或素混凝土结构，国外把少配筋混凝土结构（即低于最低配筋率）都叫素混凝土结构。执行《混凝土规》第8.5.3条理论上是可以的，但通用规范没有列入，原因是目前对这条还有不同的看法，不适合强制执行。

国外的标准，如欧洲规范（EN1992）、美国规范（ACI318）都有这样的规定，EN1992中梁的最小配筋率比我们国家的规范还低0.13%，但次要构件（cecondary elements）如果有发生脆性破坏的风险，经过风险评估以后能够承受，那么最小配筋率可以取得更低，按照承载力计算值的1.2倍就可以，比如算下来只需要0.004%，那么只要取0.0048%（笔者感觉应该是0.04%和0.048%）。ACI318中对普通梁和深梁都有最小配筋率的规定，深梁就类似女儿墙（笔者认为不一样）、最小配筋率为0.25%，但也有特别的规定，第9.6.13条假定梁构件的所有截面的计算配筋比最小配筋率的1/3还小，那么最小配筋率是可以不被满足的，不一定要执行0.25%。

《混凝土规》第8.5.3条规定次要构件的最小配筋率要求也有一定道理，女儿墙、凸窗这样的构件破坏风险也非常大，汶川地震中很多女儿墙都在破坏后掉落并砸伤人，所以这些次要构件配置一些钢筋是值得的，况且配筋率要求并不高。

【工程案例】2020年某地下工程，柱距为8.4m×8.4m，采用梁式筏板基础，上部设计均布荷载设计值为536kN/m²，筏板冲切计算需要厚度900mm，混凝土C30，钢筋HRB400，保护层35mm，跨中计算弯矩为 $M_x=M_y=0.0176\times536\times8.4^2=665kN\cdot m/m$，计算配筋 $A_s=2250mm^2/m$，配筋率 $\rho=2250/900\times1000=0.25\%$，大于最小配筋率 $\rho_{min}=0.15\%$。

但由于本工程为了增加配置抗浮（这里不讨论这种做法是否合理），设计人员将筏板厚度修改为1400mm。

计算配筋为 $A_s=1580mm^2$，配筋率 $\rho=1580/1400\times1000=0.113\%$，小于最小配筋率 $\rho_{min}=0.15\%$。如果按折算厚度取值，那么，折算厚度：$h_{cr}=1.05\sqrt{\dfrac{M}{\rho_{min}f_y b}}=1046mm>1/2h=700mm$。

所以，此时筏板配筋应为 $A_s=1046\times1000\times0.15\%=1569mm^2/m$，而不是 $A_s=1400\times1000\times0.15\%=2100mm^2/m$。

基于以上分析及案例说明，笔者认为在《混凝土规》未对此条修订前，依然可以采用。

4.4.7　混凝土房屋建筑结构中剪力墙的最小配筋率及构造尚应符合下列规定：

1　剪力墙的竖向和水平分布钢筋的配筋率，一、二、三级抗震等级时均不应小于0.25%，四级时不应小于0.20%。

2　高层房屋建筑框架-剪力墙结构、板柱-剪力墙结构、筒体结构中，剪力墙的竖向、水平向分布钢筋的配筋率均不应小于0.25%，并应至少双排布置，各排分布钢筋之间应设置拉筋，拉筋的直径不应小于6mm、间距不应大于600mm。

3　房屋高度不大于10m且不超过三层的混凝土剪力墙结构，剪力墙分布钢筋的最小配筋率应允许适当降低，但不应小于0.15%。

4　部分框支剪力墙结构房屋建筑中，剪力墙底部加强部位墙体的水平和竖向分布钢筋的最小配筋率均不应小于0.30%，钢筋间距不应大于200mm，钢筋直径不应小于8mm。

 延伸阅读与深度理解

1）本条参考规范：《高规》第7.2.17条（强制性条文）、第8.2.1条（强制性条文）、第10.2.19条（强制性条文）；《混凝土规》GB 50010-2010（2015版）第11.7.14条（强制性条文）。《混凝土规》GB 50010-2010（2015版）第11.7.14条中规定，对高度不超过24m且剪压比很小的四级抗震等级剪力墙，其竖向分布筋最小配筋率应允许按0.15%采用，本条第1款限制在低层混凝土房屋的剪力墙，有所加严。

2）为了防止混凝土墙体在受弯裂缝出现后立即达到极限受弯承载力，配置的竖向分布钢筋必须满足最小配筋率要求。同时，为了防止斜裂缝出现后发生脆性的剪拉破坏，规定了水平分布钢筋的最小配筋率。

3）为了提高混凝土开裂后的性能和保证施工质量，各排分布筋之间应设置拉筋，其直径不应小于6mm，间距不应大于600mm。

4）部分框支剪力墙结构中，剪力墙底部加强部位是指房屋高度的1/10，以及地下室顶板至转换层以上两层高度两者的较大值。落地剪力墙是框支层以下最主要的抗侧力构件，受力很大，破坏后果严重，十分重要；框支层上部两层剪力墙直接与转换构件相连，相当于一般剪力墙的底部加强部位，且其承受的竖向力和水平力要通过转换构件传递至框支层竖向构件。因此，本条对部分框支剪力墙底部加强部位剪力墙的分布钢筋最小配筋率要求，高于一般剪力墙结构底部加强部位的要求。

5）对于房屋高度不大于10m且不超过三层的混凝土剪力墙结构，剪力墙分布钢筋的最小配筋率应允许适当降低，但不应小于0.15%。这种构造要求实际并未进行过系统的试验研究，而是与类似砌体结构比较分析的结论，应该具有足够的安全度。

4.4.8　房屋建筑混凝土框架梁设计应符合下列规定：

1　计入受压钢筋作用的梁端截面混凝土受压区高度与有效高度之比值，一级不应大于0.25，二级、三级不应大于0.35。

2　纵向受拉钢筋的最小配筋率不应小于表4.4.8-1规定的数值。

表 4.4.8-1　梁纵向受拉钢筋最小配筋率（%）

抗震等级	位置	
	支座（取较大值）	跨中（取较大值）
一级	0.40 和 $80f_t/f_y$	0.30 和 $65f_t/f_y$
二级	0.30 和 $65f_t/f_y$	0.25 和 $55f_t/f_y$
三、四级	0.25 和 $55f_t/f_y$	0.20 和 $45f_t/f_y$

3　梁端截面的底面和顶面纵向钢筋截面面积的比值，除按计算确定外，一级不应小于0.5，二级、三级不应小于0.3。

4　梁端箍筋的加密区长度、箍筋最大间距和最小直径应符合表 4.4.8-2 的要求；一级、二级抗震等级框架梁，当箍筋直径大于 12mm、肢数不少于 4 肢且肢距不大于 150mm 时，箍筋加密区最大间距应允许放宽到不大于 150mm。

表 4.4.8-2　梁端箍筋加密区的长度、箍筋最大间距和最小直径

抗震等级	加密区长度（取较大值）(mm)	箍筋最大间距（取最小值）(mm)	箍筋最小直径(mm)
一	$2.0h_b$,500	$h_b/4,6d$,100	10
二	$1.5h_b$,500	$h_b/4,8d$,100	8
三	$1.5h_b$,500	$h_b/4,8d$,150	8
四	$1.5h_b$,500	$h_b/4,8d$,150	6

注：表中 d 为纵向钢筋直径，h_b 为梁截面高度。

延伸阅读与深度理解

1）本条是由《混凝土规》GB 50010-2010（2015 版）第 11.3.1 条（为强制性条文）、第 11.3.6 条（强制性条文）；《高规》第 6.3.2 条（强制性条文）；《抗规》GB 50011-2010（2016 版）第 6.3.3 条（强制性条文）整合而来。

2）由于梁端区域能通过采取相对简单的抗震构造措施而具有相对较高的延性，故常通过"强柱弱梁"措施引导框架中的塑性铰首先在梁端形成。

3）设计框架梁时，控制梁端截面混凝土受压区高度（主要是控制负弯矩下截面下部的混凝土受压区高度）的目的是控制梁端塑性铰区具有较大的塑性转动能力，以保证框架梁端截面具有足够的曲率延性。根据国内的试验结果和参考国外经验，当相对受压区高度控制在 0.25～0.35 时，梁的位移延性可达到 3.0～4.0。在确定混凝土受压区高度时，可把截面内的受压钢筋计算在内。

4）本规范在非抗震和抗震框架梁纵向受拉钢筋最小配筋率的取值上统一取用双控方案，即一方面规定具体数值，另一方面使用与混凝土抗拉强度设计值和钢筋抗拉强度设计值相关的特征值参数进行控制。本条规定的数值是在非抗震受弯构件规定数值的基础上，才参考国外经验制定的，并按纵向受拉钢筋在梁中的不同位置和不同抗震等级分别给出了最小配筋率的相应控制值。

5）本条还给出了梁端箍筋加密区内底部纵向钢筋和顶部纵向钢筋的面积比最小值。

通过这一规定对底部纵筋的最低用量进行控制，一方面，考虑到地震作用的随机性，在按计算梁端不出现正弯矩或出现较小正弯矩的情况下，有可能在较强地震下出现偏大的正弯矩，故需要在底部正弯矩受拉钢筋用量上给出一定储备，以免下部钢筋的过早屈服其至拉断；另一方面，提高梁端底部纵向钢筋的数量，也有助于改善梁端塑性铰区在负弯矩作用下的延性性能。

6）框架梁的抗震设计除应满足计算要求外，梁端塑性铰区箍筋的构造要求极其重要，它是保证该塑性铰区延性能力的基本构造措施。

7）本规范对梁端箍筋加密区长度、箍筋最大间距和箍筋最小直径的要求作了规定，其目的是从构造上对框架梁塑性铰区的受压混凝土提供约束，并约束纵向受压钢筋，防止它在保护层混凝土剥落后过早压屈及其后受压区混凝土的随即压溃。

8）注意：以往本条违反强制性条文比较常见，特别是本规范不再把当梁端纵向受拉钢筋配筋率大于2%时，表4.4.8-2中箍筋直径应加大2mm作为强条。过去在这个问题上恐怕设计师难免都遇到过违反"强条"吧。

【违反强条案例1】当梁端纵向钢筋配筋率大于2%时，表中箍筋最小直径应增大2mm。未加大。

2020年7月，山东某地事后抽查某工程，审图给出：

梁、板：

22.500m X梁平法施工图（一）：D1-G轴KL10（6），梁截面尺寸450mm×600mm，箍筋直径8，在D1-15、D1-17轴支座钢筋11根25、10根25，配筋率2.22%、2.02%大于2%，箍筋直径应增加2mm。箍筋配置不满足《抗规》GB 50011-2010（2016年版）第6.3.3条第3款的规定（违反强制性条文）。

【违反强条案例2】梁的箍筋间距不满足$h_b/4$要求。

楼梯、坡道：

S6001A：C-4轴框架柱间框架梁TL5梁高350，加密区箍筋间距100，箍筋间距不满足《抗规》GB 50011-2010（2016年版）第6.3.3条第3款的规定，不大于$h/4$要求。且核算TL5和1-1剖面配筋是否满足要求（违反强制性条文）。

【违反强条案例3】梁的支座底筋与顶筋之比不满足规范要求。

梁、板：

第6.3.3条第3款的规定。

S4006A：C1-3轴WKL3（1A）在C1-B～C1-C轴下筋4根20，不足C1-B支座钢筋10根25的0.3倍，不满足《抗规》GB 50011-2010（2016年版）第6.3.3条第2款的规定（违反强制性条文）。

【违反强条案例4】2020年10月，北京某工程，抗震等级一级，箍筋最小直径不满足10mm。

《抗规》GB 50011-2010（2016年版）第6.3.3条：1.一级框架梁箍筋直径不应小于10mm。例如：D1-19轴KL32、D2-20轴KL42。余自查，各层同2.一级框架梁梁端支座下铁与上铁配筋量之比不应小于0.5。例如：D2-19轴KL39、D2-20轴KL42。余自查，各层同（违反强制性条文）。

4.4.9 混凝土柱纵向钢筋和箍筋配置应符合下列要求：

1 柱全部纵向普通钢筋的配筋率不应小于表4.4.9-1的规定，且柱截面每一侧纵向普通钢筋配筋率不应小于0.20%；当柱的混凝土强度等级为C60以上时，应按表中规定值增加0.10%采用；当采用400MPa级纵向受力钢筋时，应按表中规定值增加0.05%采用。

表4.4.9-1　柱纵向受力钢筋最小配筋率（%）

柱类型	抗震等级			
	一级	二级	三级	四级
中柱、边柱	0.90(1.00)	0.70(0.80)	0.60(0.70)	0.50(0.60)
角柱、框支柱	1.10	0.90	0.80	0.70

注：表中括号内数值用于房屋建筑纯框架结构柱。

2 柱箍筋在规定的范围内应加密，且加密区的箍筋间距和直径应符合下列规定：

1） 箍筋加密区的最大间距和最小直径应按表4.4.9-2采用。

表4.4.9-2　柱箍筋加密区的箍筋最大间距和最小直径

抗震等级	箍筋最大间距(mm)	箍筋最小直径(mm)
一级	6d和100的较小值	10
二级	8d和100的较小值	8
三级、四级	8d和150(柱根100)的较小值	8

注：表中d为柱纵向普通钢筋的直径（mm）；柱根指柱底部嵌固部位的加密区范围。

2） 一级框架柱的箍筋直径大于12mm且箍筋肢距不大于150mm及二级框架柱箍筋直径不小于10mm且肢距不大于200mm时，除柱根外加密区箍筋最大间距应允许采用150mm；三级、四级框架柱的截面尺寸不大于400mm时，箍筋最小直径应允许采用6mm。

3） 剪跨比不大于2的柱，箍筋应全高加密，且箍筋间距不应大于100mm。

 延伸阅读与深度理解

1）本条是由《混凝土规》GB 50010-2010（2015版）第11.4.12条（强制性条文）；《高规》第6.4.3条（强制性条文）；《抗规》GB 50011-2010（2016版）第6.3.7条（强制性条文）整合而来。

2）本次柱最小配筋率取小数点后两位，如抗震等级为二级柱角柱，原规范角柱是0.9，现调整为0.90。这样规定更加严谨科学。

【读者问题】2022年8月8日有位读者就咨询类似问题。

问题：规范中最小配筋率0.20，如果配出来是0.196，是否满足规范要求？我理解0.20是保留2位有效数字，0.196保留2位是0.20。

笔者回复：不满足。并不是这么理解，0.20就是不能四舍五入。

3）框架柱纵向钢筋最小配筋率是抗震设计中的一项较重要的构造措施。其主要作用是：考虑到实际地震作用在大小及作用方式上的随机性，经计算确定的配筋数量仍可能在结构中造成某些估计不到的薄弱构件或薄弱截面。

4）通过纵向钢筋最小配筋率规定，可以对这些薄弱部位进行补救，以提高结构整体地震反应能力的可靠性。

5）与非抗震情况相同，纵向钢筋最小配筋率同样可以保证柱截面开裂后抗弯刚度不致削弱过多。

6）最小配筋率还可以使设防烈度不高地区一部分框架柱的抗弯能力在"强柱弱梁"措施基础上有进一步提高，这也相当于对"强柱弱梁"措施的某种补充。

7）本规范第2款第2）项增加了一级及二级框架柱端加密区箍筋间距可以适当放松的规定，主要考虑当箍筋直径较大、肢数较多、肢距较小时，箍筋的间距过小会造成钢筋过密，不利于保证混凝土的浇筑质量；适当放宽箍筋间距要求，仍然可以满足柱端的抗震性能。但需要注意，箍筋的间距放宽后，柱体积配箍率仍需要满足本规范的相关要求。

8）本次也取消了《混凝土规》GB 50010-2010（2015 版）第 11.4.12-3 款规定，框支柱和剪跨比不大于 2 的框架柱应全高加密，且箍筋间距应符合抗震等级为一级的要求。现在的要求见第 4.4.9-2 条款 3）项，剪跨比不大于 2 的柱，箍筋应全高加密，且箍筋间距不应大于 100mm。这个要求与《抗规》《高规》一致。

9）取消了《抗规》第 6.3.7-1 条对Ⅳ类场地上较高的高层建筑表中数值应增加 0.1 的规定。

10）本规范主编对第 4.4.8 条及第 4.4.9 条取消原规范以下两个补充规定的解释。

问题：本规范中对梁配筋率大于 2%箍筋增加 2mm 未提，是否设计中梁纵筋配筋率＞2%，箍筋最小直径不需要加大 2mm？同时，对四类场地的较高建筑，配筋率是否也不用按照现行混凝土规范要求增加 0.1%？

答复：本规范第 4.4.8 条对梁、柱的箍筋作了规定，较《混凝土规》第 11.3.6 条、第 11.4.12 条少了"当梁端纵向受拉钢筋配筋率大于 2%时，箍筋最小直径应增大 2mm"

从本规范本身的角度，原来混凝土规范中的这两个补充规定可以不执行。在通用规范编制过程中，很多专家包括编制专家、审查专家一致决定，这两个要求必要性不大，而且在本次编制过程中，对三、四级要求也有所提升，因此就取消了这两个补充要求。但并不意味着用了这两条就不行，根据工程需要，如很高的高层建筑，原来规定较高建筑指的是 60m，实际上 60m 并不高，如果是 100m、200m、300m，加 0.1%也不算多，需要根据实际情况考虑。

【问题讨论及建议】框架梁柱节点核心区箍筋设置问题。

本规范对柱加密区的箍筋间距及直径提出明确要求，但对节点核心区如何设置并没有给出具体要求。那么框架节点核心区的配箍要求是否必须同柱加密区的配箍构造要求呢？有些图集建议节点核心区的配箍同加密区（如 20G329-1 图集），这个要求自然没有错，但为何规范没有这样明确要求呢？

见《混凝土规》GB 500010-2010（2015 版）第 11.6.8 条（非强条）。

笔者理解：框架节点核心区箍筋的最大间距、最小直径"宜"（注意是"宜"）按加密区采用。这说明在某些情况下，可以比加密区适当放松要求。

我们知道，节点作为承受巨大竖向压力并且受力状态十分复杂的部位，也必须有钢箍的约束，以保证其承载力和延性。当然也有其特殊性，当四边均有梁与其连接时，梁端的约束其受力处于有利状态。同时，由于处于梁柱交叉处的特殊部位，其配筋施工特别复杂，钢筋密集混凝土振动也比较困难等。为此，建议如下：

（1）当节点核心区配筋不影响正常施工，不影响振捣时，箍筋间距及直径可优先同加密区的要求。

（2）当节点核心区配筋过于密集会影响正常施工，影响振捣时，箍筋间距及直径可比加密区的要求适当放松，但总的体积配箍率应满足规范要求，通常是采用大直径大间距的配置方式，但箍筋间距不应大于250mm。

（3）对于四周有梁约束的节点核心区，此中间节点由于受到周边梁端的约束而处于有利的受力状态，此时柱内纵向筋不存在压曲的危险。节点内可以只配置沿周边的矩形箍筋，可以不设置复合箍筋（或拉筋），但核心区箍筋体积配箍率应满足规范要求。这样无疑大大方便了施工，自然对保证工程质量有利。

【工程破坏案例】2008年汶川"5·12"大地震框架柱端破坏案例如图2-4-31所示。

(a) 都江堰市某二层框架
结构底层柱上端破坏

(b) 都江堰市某餐馆框架
底层柱下端破坏

(c) 其他一些工程框架柱端严重破坏1

(d) 其他一些工程框架柱端严重破坏2

(e) 其他一些工程框架柱端严重破坏3

(f) 其他一些工程框架柱端严重破坏4

图2-4-31 框架柱端破坏案例

4.4.10 混凝土转换梁设计应符合下列规定：

1 转换梁上、下部纵向钢筋的最小配筋率，特一级、一级和二级分别不应小于

0.60%、0.50%和0.40%，其他情况不应小于0.30%。

2 离柱边 1.5 倍梁截面高度范围内的梁箍筋应加密，加密区箍筋直径不应小于10mm，间距不应大于100mm。加密区箍筋的最小面积配筋率，特一级、一级和二级分别不应小于$1.3f_t/f_{yv}$、$1.2f_t/f_{yv}$ 和 $1.1f_t/f_{yv}$，其他情况不应小于$0.9f_t/f_{yv}$。

3 偏心受拉的转换梁的支座上部纵向钢筋至少应有50%沿梁全长贯通，下部纵向钢筋应全部直通到柱内；沿梁腹板高度应配置间距不大于200mm、直径不小于16mm的腰筋。

 延伸阅读与深度理解

1）本条引用《高规》第10.2.7条（强制性条文）。

2）这里的"转换梁"包括部分框支剪力墙结构中的框支梁，以及上面是托柱的框架梁，是带转换层结构中应用最为广泛的转换结构构件。

3）结构分析和试验研究表明，转换梁受力复杂，而且十分重要。因此，本条对转换梁纵向钢筋、梁端加密区箍筋的最小构造配筋提出了比一般框架梁更高的要求。

4）对偏心受拉的转换梁（一般为框支梁）顶面纵筋及腰筋的配置提出更高的要求。研究表明，偏心受拉的转换梁，截面受拉区域较大，甚至全截面受拉。因此，除了按结构分析配置钢筋外，加强跨中区段顶面纵向钢筋以及两侧面腰筋的最低构造配筋要求是非常必要的。

5）对于非偏心受拉转换梁（托柱转换）的腰筋设置应沿腹板高度配置腰筋，其直径不宜小于12mm，间距不宜大于200mm。

6）应特别注意：转换梁受力较复杂，为保证转换梁安全可靠，《高规》分别对框支梁和托柱转换梁的截面尺寸及配筋构造等，提出了具体要求。

（1）转换梁承受较大的剪力，开洞会对转换梁的受力造成很大影响，尤其是转换梁端部剪力最大的部位开洞的影响更加不利。因此，对转换梁上开洞进行限制，并规定梁上洞口要避开转换梁端部，开洞部位要加强配筋构造。

（2）试验研究表明，托柱转换梁在托柱部位承受较大的剪力和弯矩，其箍筋应加密配置，配置范围如图 2-4-32 所示。这点要特别注意，在 2010 年以前的规范中并没有这样的要求。图集《混凝土结构施工图平面整体表示方法制图规则和构造详图》16G101-1 以前的各版图集都没有给出这个做法要求，仅给出如图 2-4-33 所示的梁上起柱 KZ 纵筋构造。

后来的图集 16G101-1、图集 22G101-1 及《建筑物抗震构造详图（多层和高层钢筋混凝土房屋）》20G329-1 均给出如图 2-4-34 所示的具体构造要求。

（3）框支梁（实际就是托墙转换梁）多数情况下为偏心受拉构件，并承受较大剪力；框支梁上剪力墙开有边门洞时，往往形成小墙肢，此小墙肢的应力集中尤为突出，两边门洞部位框支梁应力急剧加大。在水平荷载作用下，上部有边门洞部位框支梁的弯矩约为上部无边门洞框支梁的 3 倍，剪力也约为 3 倍，因此，除对小墙肢加强外，边门洞墙边部位对应的框支梁的抗剪能力也应加强，箍筋应加密配置如图 2-4-35 所示。《建筑物抗震构造详图（多层和高层钢筋混凝土房屋）》20G329-1 给出图 2-4-36 所示的具体构造要求。

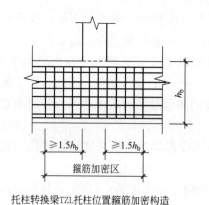

图 2-4-32 托柱转换梁箍筋加密示意图

1—梁上柱；2—托梁；3—框支柱

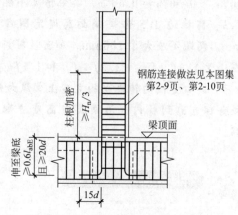

图 2-4-33 梁上起柱 KZ 纵筋构造

托柱转换梁TZL托柱位置箍筋加密构造

(a) 16G101-1及图集22G101-1

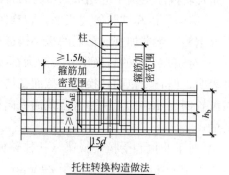

托柱转换构造做法

注：1. 梁宽大于柱宽至少50mm；
    2. 应在托梁平面外设箍，以平衡平面外的柱底弯矩，且该梁构造与本图相同。

(b) 图集20G329-1

图 2-4-34 托柱转换构造做法

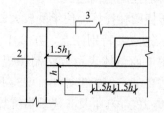

图 2-4-35 框支梁箍筋加密范围

1—框支梁；2—框支柱；3—剪力墙

【问题讨论及建议 1】部分框支转换结构转换次梁不可避免时如何加强？

1）本规范是否有规定？

结构转换层的设计不宜采用转换主、次梁方案。这是大家都明白的道理，但实际工程中很难避免这种情况，当无法避免而必须采用时，应按《高规》第10.2.9条规定进行应力分析。《高规》第10.2.7条为强制性条文，它本身未区分主、次梁，故次梁转换也应执

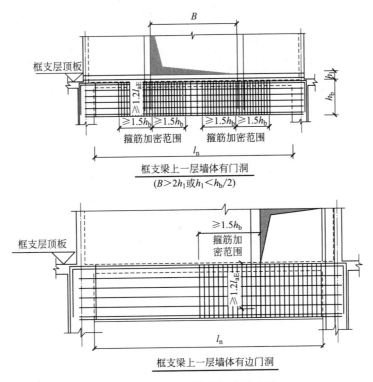

图 2-4-36　框支梁箍筋加密示意图

行这条。

2）笔者对转换次梁设计提出的建议。

（1）转换次梁支座面筋过大而对转换主梁造成影响问题：转换次梁按《高规》第10.2.7条的最小配筋率配置面筋。转换主梁若不能承受此扭矩时，可采取在其平面外增设次梁，以平衡平面外弯矩等措施。

（2）转换次梁除了满足一般转换梁的构造要求外，要特别注意两端支承主梁的挠度差异引起的附加内力。这个问题建议在转换梁建模时，均应按主梁建模。

（3）对于不落地构件通过次梁转换的问题，应慎重对待。少量的次梁转换，设计时对不落地构件（混凝土墙、柱等）的地震作用如何通过次梁传递到主梁又传递到落地竖向构件要有明确的计算，并采取相应的加强措施，方可视为有明确的计算简图和合理的传递途径。

（4）设计要特别注意，采用的程序是否对次梁转换进行了内力放大。如果程序没有放大，建议设计人员按本规范给出的内力调整系数复核。

【问题讨论及建议 2】梁上起柱到底是否需要设置附加箍筋和附加吊筋？

1）本规范是如何规定的？

《混凝土规》第 9.2.11 条规定，位于梁下部或梁截面高度范围内的集中荷载，应全部由附加横向钢筋承担；附加横向钢筋宜采用箍筋。箍筋应布置在长度为 $2h_1+3b$ 之和的范围内（图 2-4-37）。

本规范是这样解释的：当集中荷载在梁高范围内或梁下部传递时，为防止集中荷载影响区下部混凝土的撕裂及裂缝，并弥补间接加载导致的梁斜截面受剪承载力低，应在集中荷载影响区的范围内配置附加横向钢筋。试验研究表明，当梁受剪箍筋率满足要求时，由

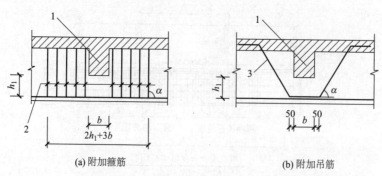

(a) 附加箍筋　　　　　　　　　　　(b) 附加吊筋

图 2-4-37　梁截面高度范围内有集中荷载作用时附加横向钢筋的布置

1—传递集中荷载的位置；2—附加箍筋；3—附加吊筋

本条公式计算确定的附加横向钢筋能较好地发挥承剪作用，并限制斜裂缝及局部受拉裂缝的宽度。

在设计中，不允许用布置在集中荷载影响区的受剪箍筋代替附加横向附加钢筋。

我们知道，梁内增加吊筋、附加箍筋的目的就是将作用在梁下部或中部的集中力，通过附加吊筋、箍筋把力传递到梁的受压区，通常也就是梁的上部区域。而梁托柱或次梁放在主梁上部时，集中荷载已经作用在梁的受压区域，所以不需要再附加吊筋、箍筋。这个道理业界有人理解，也有不少人不理解，依然增加吊筋、箍筋的案例并不少见。自《高规》JGJ 3-2010 对梁上托柱提出新要求（前面已有论述）后，这个问题算有了统一规定。

2）笔者建议设计者注意的几个问题：

（1）当传递集中力的次梁宽度（b）过大时，宜适当减小由 $3b+2h_1$ 所确定的附加横向钢筋的布置宽度。

（2）当梁下作用有均布荷载时，可参考本规范计算深梁下部配置悬吊钢筋的方法确定附加悬吊钢筋数量。即应沿梁全跨均匀布置附加竖向吊筋，吊筋间距不宜大于 200mm。

（3）当两个次梁或梁高范围的集中荷载较近时，可以形成一个总的撕裂效应和撕裂裂缝破坏面。这个时候偏于安全的做法是，在不减少两个集中荷载之间应附加钢筋数量的同时，分别适当增大两个集中荷载作用点以外附加横向钢筋的数量，如图 2-4-38 所示。

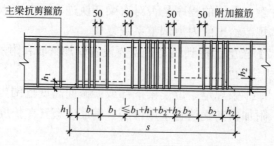

图 2-4-38　相近两个集中荷载附加箍筋构造示意图

【问题讨论及建议 3】部分框支剪力墙转换层上一层剪力墙常遇超筋问题怎么办？

　　1）超限情况及原因分析。

　　工程设计中，经常会遇到在部分框支剪力墙结构中出现转换层上一层剪力墙总是超筋的情况，而且一般都是水平超筋，也就是抗剪超。其根本原因是程序中框支梁采用梁单元模拟，上部剪力墙采用墙单元模拟，梁单元与墙单元的连接情况与实际情况不符造成的。真实情况是转换层上一层剪力墙水平剪力比计算结果要小很多，因此程序的计算结果是不太合理的。

　　2）笔者建议的处理方法及应注意的问题。

　　（1）根据笔者工程经验，解决办法有两种：

　　① 采用墙单元模拟框支梁，即框支柱和框支梁用剪力墙开洞的方式生成。

　　② 框支梁仍然用梁单元模拟，但将转换层分成两层建模。如转换层层高6m，框支梁2m高，则将其分为一个5m高的转换层＋（0.5框支梁高＝1.0m）的上部标准层，上部标准层计算结果以转换层上第二层计算结果为准。

　　（2）应用时注意以下两个问题：

　　① 特别提醒，有的程序当转换梁采用型钢混凝土组合梁时，无法采用方法一，即转换梁按墙单元模拟。

　　② 一般建议优先采用方法一（A）处理，当采用方法一不合适时，可以考虑采用方法二。

4.4.11　混凝土转换柱设计应符合下列规定：

1　转换柱箍筋应采用复合螺旋箍或井字复合箍，并应沿柱全高加密，箍筋直径不应小于10mm，箍筋间距不应大于100mm和6倍纵向钢筋直径的较小值；

2　转换柱的箍筋配箍特征值应比普通框架柱要求的数值增加0.02采用，且箍筋体积配箍率不应小于1.50%。

 延伸阅读与深度理解

　　1）本条引用《高规》第10.2.10条（强制性条文）。

　　2）转换柱包括部分框支剪力墙结构中的框支柱和框架-核心筒，框架-剪力墙结构中支承托柱转换梁的柱，是带转换层结构的重要构件，受力性能与普通框架大致相同，但受力大，破坏后果严重。

　　3）计算分析和试验研究表明，随着地震作用的增大，落地剪力墙逐渐开裂，刚度降低，转换柱承受的地震作用逐渐增大。因此，除在内力调整方面对转换柱作了规定外，还需要对转换柱的构造配筋提出比普通柱更高的要求。

　　4）对于转换柱依然保留《混凝土规》第11.4.12-3条的要求，这条比《抗规》《高规》更严格，不仅有100mm且还应不大于6d要求。

　　5）注意，箍筋体积配箍率不应小于1.50%（原规范1.5%），加个"0"字意义非凡。

　　6）框架柱常见的几种箍筋形式如图2-4-39所示。

　　7）笔者提醒，对应转换柱拉筋，建议明确要求采用同时勾住箍筋及纵向钢筋，如图2-4-40所示。

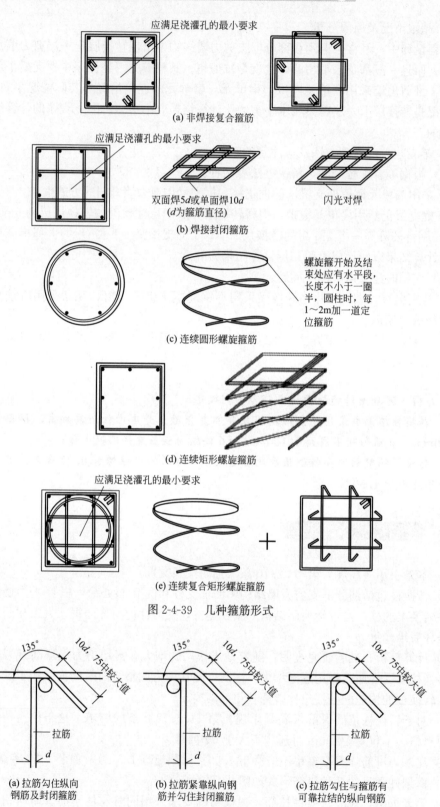

应满足浇灌孔的最小要求

(a) 非焊接复合箍筋

应满足浇灌孔的最小要求

双面焊5d或单面焊10d
(d为箍筋直径)

闪光对焊

(b) 焊接封闭箍筋

螺旋箍开始及结束处应有水平段，长度不小于一圈半，圆柱时，每1～2m加一道定位箍筋

(c) 连续圆形螺旋箍筋

(d) 连续矩形螺旋箍筋

应满足浇灌孔的最小要求

(e) 连续复合矩形螺旋箍筋

图 2-4-39　几种箍筋形式

135°　10d, 75中较大值

拉筋

d

(a) 拉筋勾住纵向
钢筋及封闭箍筋

135°　10d, 75中较大值

拉筋

d

(b) 拉筋紧靠纵向钢
筋并勾住封闭箍筋

135°　10d, 75中较大值

拉筋

d

(c) 拉筋勾住与箍筋有
可靠拉结的纵向钢筋

图 2-4-40　柱拉筋弯钩示意图

4.4.12 带加强层高层建筑结构设计应符合下列规定：

1 加强层及其相邻层的框架柱、核心筒剪力墙的抗震等级应提高一级采用，已经为特一级时应允许不再提高；

2 加强层及其相邻层的框架柱，箍筋应全柱段加密配置，轴压比限值应按其他楼层框架柱的数值减小 0.05 采用；

3 加强层及其相邻层核心筒剪力墙应设置约束边缘构件。

 延伸阅读与深度理解

1）本条引自《高规》第 10.3.3 条（强制性条文）。

2）带加强层的高层建筑结构，由于加强层的设置引起结构刚度和内力在加强层附近发生明显突变。在风荷载作用下，这种突变对结构的影响较小，但在地震作用下，这种突变易使结构在加强层附近形成薄弱层，加强层相邻楼层往往成为抗震薄弱层；与加强层水平伸臂结构相连部位的核心筒剪力墙，以及外围框架柱受力大且集中。因此，为了提高加强层及其相邻楼层与加强层水平伸臂结构相连的核心筒墙体及外围框架柱的抗震承载力和延性，本条规定应对此部位结构构件的抗震等级提高一级采用。

3）框架柱箍筋应全柱段加密，轴压比从严（减小 0.05）控制。

4）加强层及其相邻层核心筒剪力墙应设置约束边缘构件。

4.4.13 房屋建筑错层结构设计应符合下列规定：

1 错层处框架柱的混凝土强度等级不应低于C30，箍筋应全柱段加密配置；抗震等级应提高一级采用，已经为特一级时应允许不再提高。

2 错层处平面外受力的剪力墙的承载力应适当提高，剪力墙截面厚度不应小于250mm，混凝土强度等级不应低于C30，水平和竖向分布钢筋的配筋率不应小于0.5%。

 延伸阅读与深度理解

1）本条参考规范：《高规》第 10.4.4 条（强制性条文）和第 10.4.6 条（非强制性条文）。

2）错层结构属于竖向布置不规则结构，错层部位附近的竖向抗侧力构件受力复杂，难免会形成众多应力集中部位；错层结构的楼板有时会受到很大的削弱；框架错层更为不利，容易形成长短柱沿竖向交替出现的不规则体系，剪力墙结构错层后会使部分剪力墙的洞口布置不规则，形成错洞剪力墙或叠合错洞剪力墙。因此，规定抗震设计时，错层处柱的抗震等级应提高一级采用，柱箍筋应全高加密，以提高其抗震承载力和延性。

3）错层剪力墙受力复杂。为此，提高其规定最小厚度，同时提高其水平及竖向最小配筋率。

4）错层结构在错层处的构件（图 2-4-41）需要采取加强措施。

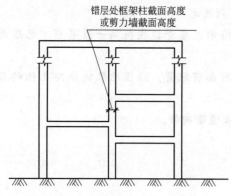

错层处框架柱截面高度
或剪力墙截面高度

图 2-4-41　错层结构加强部位示意图

5) 错层结构错层处的框架柱受力复杂，易发生短柱受剪破坏。因此，除在内力调整方面对转换柱作了规定外，还需要对转换柱的构造配筋提出比普通柱更高的要求。

6) 规范主编对读者问题的答复。

读者问题：本规范第 4.4.13 条对错层结构的要求，楼梯柱一边与半层处休息平台连接，另一边与楼层梁连接，算不算错层柱？是否需要抗震等级提高，以及其他通用规范构造要求？关于本规范中错层结构框架柱提高一级，《高规》中有规定，本规范提出来，多层是否要执行，局部个别板块降板是否需要执行，框架柱抗震等级提高后，剪压比不易计算通过，导致局部框架柱截面增加较多，如正常柱子 600mm 或者 700mm 就可以，但因为错层处柱需要加到 1000mm 才能满足剪压比计算。

编委答复：本规范第 4.4.13 条有两款规定，第 1 款对应《高规》第 10.4.4 条关于错层柱混凝土等级不小于 C30 的要求。而将错层柱最小截面高度不小于 600mm 的要求可能不合理、不合适，有的地方截面可能偏大，如楼梯柱截面如果做到 600mm，可能就比较大；但某些重要的错层柱又可能偏小，所以本规范就不作规定，错层柱的抗震等级提高一级依然保留。第 2 款关于错层剪力墙的最小厚度、最低混凝土强度等级、最小配筋率的要求，对于《高规》第 10.4.6 条，但原来第 10.4.6 条并不是强制性条文。因此，通用规范实际上提高了要求。另外，本规范中规定房屋建筑错层，而不是高层建筑，即便多层结构，也依然要执行本条。

判断是不是错层，是否需要此条，需要设计师自己判断。如梁只差了一块板的高度算不算错层，一般不算。错层一定是错开以后有短柱，层间形成了两个短柱，左右两边的计算长度不一样，肯定属于错层，一定要执行此条。

7) 读者咨询笔者的问题。

读者问题：本规范第 4.4.13 条：地下室顶板主楼和纯地下室间；高位找坡和低位找坡间，两侧高差板共梁，梁高超过多少算错层呢，还是说共梁都可以不遵循此条，或者共梁不论梁高水平加腋可不遵循此条；共梁后梁柱节点核心区柱箍筋都加密了，是否柱子核心区之外柱高不满足短柱的要求可不全高加密呢？裙房柱因为在高层相关范围内已经提高 1 级，是否还需要提高抗震等级呢？

笔者答复：这个问题可以参考《全国民用建筑工程设计技术措施—结构（混凝土结构）》第 12.1.2-4 条的相关规定。主要内容摘录如下：

有较大的楼层错层，如图 2-4-42 所示。较大错层指楼面错层高度 h_0 大于相邻高侧的梁高 h_1 时，或两侧楼板横向用同一钢筋混凝土梁连接，但楼板间垂直净距 h_2 大于支承梁宽的 1.5 倍时，当两侧楼板横向用同一根梁相连，虽然 $h_2 < 1.5b$，但 $h_0 >$ 纵向梁高 h_z 时，此时仍应作为错层，当较大错层面积大于该层总面积 30% 时，应视为楼层错层。

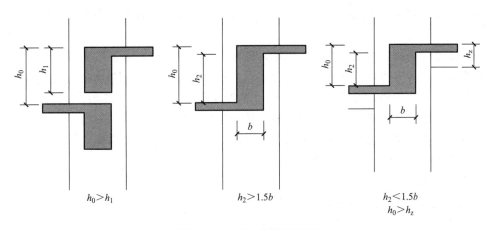

图 2-4-42 较大错层示意图

【工程案例】2005 年笔者主持设计的北京某三错层剪力墙住宅结构。

1）工程概况

本工程为北京某高档住宅社区，位于北京市朝阳区青年路，是由 22 栋高层住宅及公建楼、大面积地下车库等组成的高档大型社区。其中有 4 栋住宅为三叠（三错层，这种三叠建筑在北京还是第一家），属高层超限建筑。本文仅以 6 号楼为例进行说明。6 号楼地下 1 层，地上 25 层，地下一层为库房，一、二层为商业用房，三层以上为三错层住宅。建筑总长度为 40.0m，总宽度为 21.4m，房屋高度为 77.65m，采用剪力墙结构。结构的安全等级二级 $\gamma_0=1.0$；抗震设防烈度 8 度；计算烈度和抗震构造烈度均为 8 度；建筑的抗震设防类别丙类；场地土类别Ⅲ类；设计基本地震加速度值 0.20g；设计地震分组为第一组；场地特征周期 $T_g=0.42s$（考虑等效剪切波速为 240m/s，特征周期进行了适当调整）。图 2-4-43 为典型局部三错层示意图。

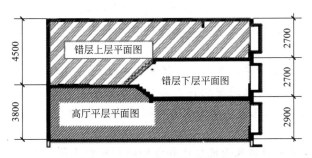

图 2-4-43 局部三错层示意图

2）计算分析及抗震加强措施

本工程为复杂超限高层建筑，针对本工程存在的超限情况，采取了如下结构计算分析及抗震加强措施，以确保建筑结构的安全及经济合理。

（1）为保证结构的整体安全性，采用 SATWE 和 PMSAP 及 ETABS 三个不同力学模型的结构软件进行对比计算分析，错开的楼层各自作为一层，按楼板结构分别采用刚性楼板及弹性楼板模型进行分析计算，并作为校核配筋设计的依据，以保证力学分析的可靠性。

（2）对错层部位的墙及转角窗的墙体分别采用有限元程序对其进行更加详细的应力分析计算。

（3）根据《高规》第4.8.2条的规定，设防烈度为8度时，房屋高度不大于80m的一般剪力墙结构，其剪力墙的抗震等级应为二级。但由于本工程考虑到有错层存在（实际上要比真正的错层好一些，因每隔一个平层才有两层是错层，而且错层的高度较小），根据《高规》第10.4.5条的规定，错层平面外的剪力墙的抗震等级应提高一级，考虑到错层且超限，所以整个结构的抗震等级按一级考虑，以提高结构的整体可靠性。

（4）由于错层处剪力墙平面外受力，受力情况比较复杂，为防止错层处剪力墙先于其他构件破坏，采取了以下加强措施：

① 错层处剪力墙适当加厚，取300mm；

② 错层处平面外受力的剪力墙尽可能地设置与之垂直的墙肢或扶壁；

③ 提高错层处剪力墙的水平和竖向分布钢筋的配筋率，取0.5%；

④ 错层处剪力墙的边缘构件均按约束边缘构件考虑，并满足特一级的要求，约束边缘构件的全部纵向钢筋最小配筋百分率取1.6%，最小配箍特征值λ_v应取为0.24；

⑤ 考虑错层结构的楼板受力较复杂，本工程楼板适当加强，取120～150mm厚，楼板配筋采用双向双层配筋，每个方向单层钢筋的配筋率不小于0.30%。

（5）考虑错层较少，所以错层处的梁上、下层做成一根梁，并适当加宽，同时对其进行专门计算分析，考虑上下层水平力对其产生的不利影响。梁及其支座的边缘构件均按特一级约束边缘构件设计，约束边缘构件的全部纵向钢筋最小配筋率取1.6%，最小配箍特征值λ_v应取为0.24。

（6）转角窗部位采取以下加强措施：

① 提高了角窗两侧墙肢的抗震等级，由二级提高到一级，并按提高后的抗震等级限制轴压比；

② 该部分楼板厚取150mm，板配筋双向双层通长配置，配筋率不小于0.4%；

③ 转角窗部位设置折线形连梁，计算按两个方向均为悬臂梁考虑，注意梁扭转的影响，并加强其配筋及构造；

④ 在转角处楼板内设暗梁，并加强其配筋及构造。

⑤ 转角处墙沿全高设约束边缘构件，其构造满足特一级的要求，约束边缘构件的全部纵向钢筋最小配筋率取1.6%，最小配箍特征值λ_v应取为0.24。

4.4.14　房屋建筑连接体及与连接体相连的结构构件应符合下列规定：

1　连接体及与连接体相连的结构构件在连接体高度范围及其上、下层，抗震等级应提高一级采用，一级应提高至特一级，已经为特一级时应允许不再提高；

2　与连接体相连的框架柱在连接体高度范围及其上、下层，箍筋应全柱段加密配置，轴压比限值应按其他楼层框架柱的数值减小0.05采用；

3　与连接体相连的剪力墙在连接体高度范围及其上、下层应设置约束边缘构件。

延伸阅读与深度理解

1) 本条引自《高规》第 10.5.6 条（强制性条文）。

2) 连体结构通常可分为两种形式，一种形式为架空的连廊，在两个建筑之间设置 1 个连廊的，也有设置多个连廊的，连廊的跨度由几米到几十米不等。现代建筑中经常会遇到这种形式，但以往的连体结构地震破坏的案例还时有出现，笔者 2009～2021 年出版的书中对连体结构有过一些论述，可供读者参考，这里不再赘述。

3) 理论计算分析及振动台试验研究说明，连体结构自振振型较为复杂，前几个振型与单体建筑有明显不同，除顺向振型外，还出现反向振型；连体结构抗扭性能较差，扭转振型丰富，当第一扭转频率与场地卓越频率接近时，容易引起较大的扭转反应，易造成结构破坏。因此，连体结构的连体及连体相连的结构构件受力复杂，易形成薄弱部位，抗震设计时必须予以加强，以提高其抗震承载力和延性。

4) 规范编制人员解读。

【问题】如果采用滑动支座，连体结构是否需要遵守本规范第 4.4.14 条？

答复：关于连体结构，本规范第 4.4.14 条基本上是《高规》第 10.5.6 条的规定，仅改了个别字，但条文中没有区分是滑动支座还是固结支座。

关于固接还是铰接对连体结构本身在关键部位的重要性程度，对连体的风险性、地震的风险性都没有降低，如果连体破坏，依然很严重。通用规范这条还讲了支撑与连接体、竖向结构等都要加强，要提高一级，这些都是基本规定，不论是铰接还是固接都要执行。另外，这一条规定的房屋建筑连接体，没有明确只是高层建筑，比混凝土高规更严。

笔者认为这个问题似乎问答不一，滑动支座不是铰接支座。笔者认为滑动支座可以不执行通规第 4.4.14 条相关要求。说明，这里仅指滑动端。

【工程案例 1】复杂超限高位大跨连体结构设计。

1) 工程概况

北京 UHN 国际村位于北京市朝阳区西坝河东里，建筑面积 25000m²，工程为高位大跨连体结构，地下 2 层，地上 28 层，结构总长度 86.3m，宽度 14.8m，高宽比为 5.83，高度 81.99m。主体结构为两个钢筋混凝土剪力墙结构（左塔 1，右塔 2），均为 28 层，层 1 高 4.5m，其余标准层 2.87m。两侧结构在标高 64.77～81.99m 处通过连接体相连成为一体。连接体部分的结构采用钢结构，下部为 5.7m 高的钢桁架转换层，钢桁架上部为 3 层钢框架结构，层高 3.827m，连接体部分跨度为 31.2m。

本工程于 2006 年建成使用，设计使用年限取 50 年，安全等级为二级，建筑抗震设防类别为丙类，地基基础设计等级为甲级。工程实景照片如图 2-4-44 所示。

2) 主要设计参数

(1) 风荷载

工程为高位连体建筑，跨度较大，风荷载作用较为复杂，根据《荷载规范》，基本风压可取 0.50kN/m²（设计基准期为 100 年），体型系数取 1.3，地面粗糙度类别按 C 类考虑。

图 2-4-44　UHN 工程实景图

（2）地震作用

抗震设防烈度为 8 度（0.20g），设计地震分组为第一组。采用振型分解反应谱法进行抗震分析计算。地震影响系数曲线按《抗规》采用，地震作用计算参数选取：$T_g=0.45s$，$\alpha_{max}=0.16$。结构周期折减系数取 0.9，结构阻尼比取 0.05，对连接体钢结构部分计算时，阻尼比取 0.02。连接体部分分析时考虑竖向地震作用。

（3）工程地质条件

拟建场地范围内不存在影响整体稳定性的不良地质作用，工程建筑场地类别为Ⅲ类，抗震设防烈度为 8 度时，场地地基土不液化。

3）结构超限情况

工程连体部分位置较高（65m），跨度较大（31.2m），且连体结构部分因两侧塔楼与中间连体结构层高不同，有局部错层。同时，因主体结构为钢筋混凝土结构，连体部位为钢结构，为两种不同材料类型的结构。按《超限高层建筑工程抗震设防专项审查技术要点》的有关规定，属于复杂体型结构，属超限高层建筑结构，需要进行全国超限审查。

4）结构体系选择

依据建筑布置要求，采用钢筋混凝土剪力墙结构。将连体结构两侧的两道横向剪力墙设置为带端柱（型钢柱）的剪力墙，从底到顶层墙厚均为 400mm，电梯井部分的分隔墙厚为 200mm，其余剪力墙厚度取 400、350、300、250mm。

连接体主体结构采用钢结构，在连接体下部设置三榀钢转换桁架，承托上部连接体，转换桁架的高度为 5.74m，占用两个楼层的高度（第 23、24 层），跨度为 31.2m，计算模型见图 2-4-45。其中，上下弦选用方钢管，V 形斜撑选用焊接 H 型钢。在三榀桁架中，除 V 形斜撑两端为铰节点外，其余节点均为刚节点。三榀平面结构之间在各楼层位置利用钢梁进行连接。

在转换桁架上下弦之间有一道夹层。此夹层的楼面体系与转换桁架脱开。在第 22 层楼面主梁上另设立柱，形成一个较为独立的体系，如图 2-4-46、图 2-4-47 所示。这样处理既充分利用了建筑空间，又使夹层与主结构的受力关系清晰明确。

三榀平面主结构中，转换桁架的上、下弦杆及顶层弦杆与两侧塔楼刚接，其余楼层的楼面梁与塔楼剪力墙铰接。连接体部分的 23、27、29 层与相应的塔楼楼层存在约 1m 的错层，见图 2-4-48。

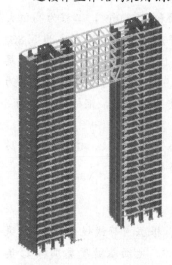

图 2-4-45　结构整体模型图

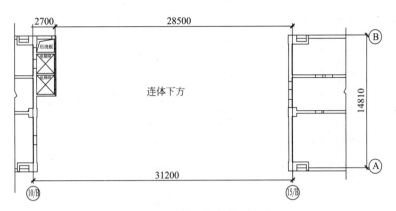

图 2-4-46 连体下部结构平面布置

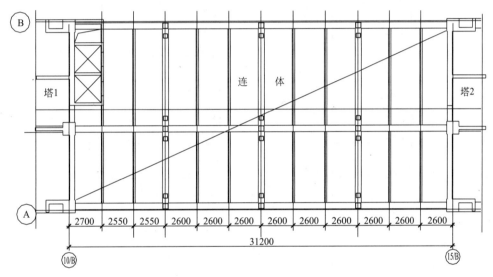

图 2-4-47 连体部分结构平面布置

5）针对结构超限采取的主要抗震措施

（1）通过调整两侧塔楼结构布置以使两侧塔的体型、平面和刚度接近。根据《高规》JGJ 3-2002，"连体结构各独立部分宜有相同或相近的体型、平面和刚度"。连体结构各独立部分体形相近，通过调整其平面结构布置以达到使其刚度接近的目的。

（2）将连接体结构两侧剪力墙设置为带端柱的剪力墙。同时将两侧的两道横向剪力墙设置为带端柱（型钢柱）的剪力墙，墙厚 400mm。每一榀桁架下设端柱，端柱尺寸为 1000mm×1000mm，端柱内由连接体下部层 5（层 17）起配置型钢，H 型钢尺寸为 600mm×600mm×20mm×30mm，一直伸到结构顶层。因连体结构的体形特殊，抗扭性能较差，根据高规"抗震设计时连接体及与连接体相邻的结构构件的抗震等级应提高一级采用，一级提高至特一级"规定。一般部位剪力墙抗震等级为一级。

（3）剪力墙底部加强部位（1～4 层）和 5～31 层，其所有外周边剪力墙均加强配筋构造，水平和竖向分布钢筋的配筋率不小于 0.3%，在此范围的剪力墙墙肢均设置约束边缘构件，约束边缘构件纵向配筋取 1.2%，配箍率取 1.2%。

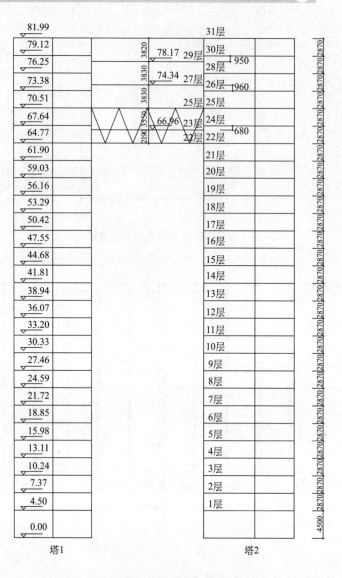

图 2-4-48　结构竖向布置示意图

（4）连接体结构两侧的两道横向剪力墙按特一级设计：剪力墙分布筋配筋率取0.78%，剪力墙墙肢端部设置约束边缘构件，约束边缘构件纵向配筋率取1.5%，剪力墙端柱纵向配筋率取2.5%，配箍率均取1.5%。

（5）加强连接体钢桁架上下弦楼板厚度及配筋。连接体钢桁架上下弦楼板及屋面板采用200mm厚钢筋混凝土楼板，楼板加强范围延伸至连接体两侧各一跨的范围，见图2-4-49阴影部分。在此范围内上下钢筋全部拉通，以使连接体部分能更有效地抵抗板内有可能出现的拉力。

（6）加强连接体两侧与钢桁架上下弦及顶层相邻的梁采用型钢混凝土梁。为保证连接体结构的三榀钢桁架与左右两侧结构可靠锚固，左右两侧结构中与桁架梁相邻跨的梁采用型钢混凝土梁。此型钢混凝土梁的截面为500mm×670mm，型钢为H400×250（190）×20×30。连体结构的顶层楼面梁在上述范围内也采用型钢混凝土结构。

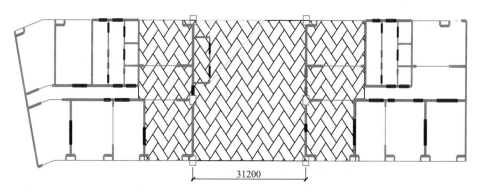

图 2-4-49 连体楼板加强部位示意图

依据《高规》，体形复杂、结构布置复杂应采用至少两个不同力学模型的结构分析软件进行整体计算。为此，工程采用 SATWE（2004 年版本）和 ETABS 两种软件进行分析。

由于篇幅所限（以下具体计算内容省略），如需要可参见作者撰写的《复杂超限高位大跨连体结构设计》论文，见《建筑结构》杂志 2013 年 1 月期。

6）超限审查意见与模型振动台试验结论及建议

本工程在初步设计阶段进行了全国超限审查工作，审查委员会认为：尽管本项目进行过详细的分析与研究，也采取了一些切实可行的抗震加强措施。但考虑到本工程属高位大跨连体结构。且北京又处 8 度抗震设防地区，为了进一步研究连体结构的抗震性能，验证本工程采取的各种抗震加强措施的有效性，建议对本工程进行模型振动台试验。本工程委托中国建筑科学研究院结构所进行了 1/25 的模型振动台试验，图 2-4-50 为振动台模型图。

根据工程的实际情况，在振动台上依次模拟了 7 度小震、8 度小震、7 度中震、8 度中震、8 度大震的水平地震和竖向地震。

（1）模型试验结论

依据模型的动力特性和裂缝开裂情况看，本工程基本满足 8 度抗震设防的要求。能满足《抗规》中性能目标 D 的要求：即小震下满足性能水准 1 的要求，中震满足性能水准 3 的要求，大震下满足性能水准 4 的要求。

连接体在大震下未发生破坏，但有一根桁架端部受压腹杆在大震下压曲。

连接体两侧重点加强的钢筋混凝土墙未发现裂缝出现，说明采取的加强措施是可以满足结构的抗震需要的。

由于结构在 Y 向高宽比较大，在地震波作用下，模型底部破坏较为严重，破坏区域在 1 层底到 3 层顶。

（2）施工图阶段设计建议

① 连接体两侧的剪力墙端柱受荷较大，且结构 Y 向倾覆力矩较大，8 度大震后，连接体两侧角部的剪力墙端柱在 1~4 层均出现混凝土局部压碎现象，建议对底部加强区范围的角部 4 个剪力墙端柱采取加强措施；

② 在 8 度大震作用下，模型塔楼南北立面的小墙肢底部破坏较多，建议加强；

图 2-4-50 振动台模型图

③ 由于桁架跨高比较小，且端部为刚接，桁架端部受压斜腹杆为桁架的控制杆件，在水平和竖向地震波作用下峰值应变均出现在此杆件。建议加强此杆件；

④ 连接体楼板在电梯筒体削弱处出现裂缝，建议加强此处配筋，提高受拉承载力；

⑤ 模型端部墙体水平裂缝较多，建议该处剪力墙加强竖向分布筋配置，尤其是加强端部约束边缘构件。

说明，本工程抗震专项审查报告是委托中国建筑科学研究院协助完成的。

通过对大跨、高位、局部错层连体结构的计算分析、论证，设计采用了多项有效抗震技术措施，详细分析了连体结构、高位大跨连廊的受力性能，同时通过振动台模型试验对关键部位进行抗震性能验证，证明工程设计所采用的技术先进、安全可靠、经济性合理，可以供类似工程设计参考。

【工程案例 2】笔者 2012 年主持咨询的青岛胶南某超限复杂连体结构。

1）工程概况

本项目位于青岛胶南市灵山湾旅游度假区，为高档酒店、公寓、商业等综合体建筑，总建筑面积约 17.373 万 m^2。裙房为大型商业，地上 3 层，裙房以上（即三层以上）分为两个塔，塔 A 为高档公寓，总高度 241.45m（主要屋面）共 64 层（结构层），标准层尺寸 60.80m×20.40m，高宽比 11.84；楼电梯间形成筒平面尺寸 35.20m×9.30m，高宽比 25.96。塔 B 为高档酒店及办公，总高度 189.65m（主要屋面）共 46 层，标准层平面尺寸 63.20m×22.4m，高宽比 8.47，楼电梯间形成的筒，平面尺寸 18.40m×10.30m，高宽比 18.40。塔 A 与塔 B 在高度 159.05～189.65m 处连为一体，组成弧形连体结构，连体平面投影最大跨度近 30m。地下 3 层，埋深约为 −22.00m（结构筏板底），基础埋置深度为高度 1/11。结构的安全等级按二级考虑；重要性系数为 $\gamma_0=1.0$；结构抗震设防类别按"标准设防类"考虑，简称"丙"类；地基基础设计等级按甲级考虑；建筑桩基设计等级按甲级考虑，结构设计使用年限按 50 年考虑。建筑效果见图 2-4-51，建筑剖面见图 2-4-52。

图 2-4-51　建筑效果图

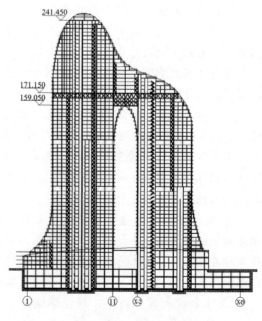

图 2-4-52　建筑剖面图

2) 主要设计参数的合理选取

（1）风荷载取值

用于承载力计算取 0.60kN/m^2（青岛地区 50 年一遇的基本风压），考虑本建筑对风荷载比较敏感，承载力计算时应按基本风压的 1.1 倍采用；用于变形验算取 0.60kN/m^2（青岛地区 50 年一遇的基本风压）；舒适度验算取 0.40kN/m^2（取青岛地区 10 年一遇的基本风压），地面粗糙度：A 类；由于这个建筑体形特别复杂，依据设计要求，业主委托中国建筑科学研究院进行风洞试验；图 2-4-53 为风洞试验模型。

（2）抗震设防烈度的合理确定。

图 2-4-53　风洞试验模型

《抗规》给出的地震动参数：

建筑抗震设防类别：	标准设防类，简称"丙"类；
抗震设防烈度：	6 度；
设计基本地震加速度：	0.05g；
设计地震分组：	第三组；
场地类别：	Ⅱ类；
场地特征周期：	0.45s。

由于篇幅所限，以下仅说明"连接体设计"，其他详细设计可参考作者撰写的论文"超限高位弧形连体结构设计与研究"。

3) 连接体设计

本工程在公寓楼与酒店在高度 159.05m～189.65m（41～49 层）处连为一体，连体平面投影最大跨度约 30m，其最大特点在于公寓楼与酒店的高度相差较大，且其分塔抗侧刚度、动力特性差异很大。连接体与主楼采用刚接，41～43 层连接体部分设置为桁架，承托上部连接体，在 43 层位置处结合避难层，将连接体桁架深入主楼至少一跨，并采取可靠锚固。连接体处布置如图 2-4-54、图 2-4-55 所示。

由于结构特殊分布，连体部分为结构重要部位，采用基于性能的抗震设计分析对其进行详细设计。

4) 结构主要计算指标汇总分析、判断

计算主要采用中国建筑科学研究院建筑工程软件研究所编制的 PKPM 系列软件 PMSAP 及美国 ETABS 两种不同的空间结构模型计算程序，分别对其进行分析计算；结构抗震计算按照扭转耦联振型分解法进行，考虑双向地震作用及偶然偏心影响主要用 PMSAP 分析计算（ETABS 进行整体校核），大震拟采用 perform-3D 程序进行弹塑性时程计算分析。因为本工程为双塔连体建筑，则本次分析采用 PMSAP 对连体双塔，单塔模型在规范谱多遇地震、风荷载工况下进行结构动力分析，采用 ETABS 与 PMSAP 软件对连体双塔模型进行弹性阶段整体分析。

5) 结构抗震性能化设计

结构抗震性能设计应分析结构方案的特殊性，选用适宜的结构抗震性能目标，并分析

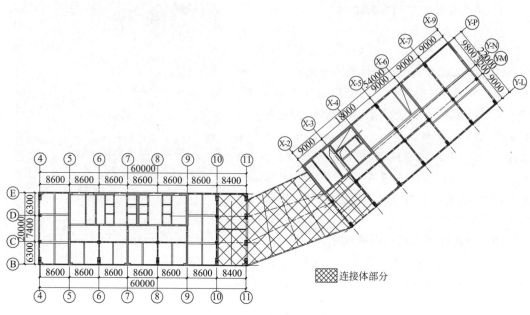

图 2-4-54 连体部分平面图

图 2-4-55 连体部分立面图

论证结构方案可满足预期的抗震性能目标的要求。

6) 结构抗震性能目标的选定

本工程地处低烈度区 (6 度, 0.05g, 第三组), 场地条件较好 (非液化地段、属抗震有利地段), 但结构平面大底盘、多塔立面连体, 结构形式复杂。按《抗规》和《高规》的要求, 并结合项目的特点, 初步确定本工程抗震性能目标为 C 级。

7) 针对超限高层建筑采取的加强措施

针对上述分析结果, 主要在以下四方面采取了加强措施:

(1) 结构布置方面

① 主楼筒体为钢筋混凝土剪力墙, 框架由型钢混凝土柱及钢筋混凝土梁组成, 楼板采用现浇钢筋混凝土梁板。

② 连体部分采用钢结构, 楼板采用组合楼板, 在钢梁上设置抗剪栓钉, 以充分适应

两种材料的共同作用和传递水平地震作用，板采用双层双向配筋。

③ 主楼利用避难层设置环向及伸臂桁架，提高结构的抗侧移刚度，控制结构层间位移。

④ 连接体与主体采用刚性连接，以便协调两侧主楼的受力、变形。连接体桁架上下弦杆构件深入主体结构内不少于一跨并采取可靠锚固。

（2）结构计算方面

① 采用多种符合实际情况的空间分析程序（PMSAP、ETABS）进行对比分析，分别采用振型分解反应谱法、时程分析法，寻找最不利工况进行设计，尽可能地多选取振型数，考虑高阶振型影响。

② 对连体结构计算时，需要考虑竖向地震的影响，刚性连接体楼板应按《高规》第10.2.24 条进行受剪截面及承载力验算；外框柱端弯矩及剪力均应乘以增大系数 1.20。

③ 梁端剪力应乘以增大系数 1.20。

④ 剪力墙底部加强部位的弯矩设计值应乘以增大系数 1.10；其他部位的弯矩设计值应乘以增大系数 1.30；底部加强部位的剪力设计值，应按考虑地震作用组合的剪力计算值的 1.90 倍采用；其他部位的剪力设计值，应按考虑地震作用组合的剪力计算值的 1.40 倍采用。

⑤ 对关键部位及关键构件采用抗震性能化设计。

（3）抗震措施方面

① 适当提高结构的抗震等级（已是特一级的不再提高）。

② 严格控制底部加强部位柱的轴压比不超过 0.70，墙的轴压比不超过 0.50。

③ 型钢混凝土柱的长细比不大于 80，型钢含钢率控制在 6% 左右，沿柱全高均设置栓钉。

④ 柱端加密区箍筋直径不宜小于 12mm，间距不大于 100mm，纵向钢筋的构造配筋率，中、边柱不应小于 1.0%，角柱不应小于 1.2%，箍筋体积配箍率不小于 1.2%。

⑤ 底部加强部位的剪力墙的水平和竖向分布钢筋的最小配筋率应取为 0.40%，一般部位水平和竖向分布钢筋的最小配筋率应取为 0.35%。

⑥ 约束边缘构件的纵向最小构造配筋率取为 1.40%；构造边缘构件纵向钢筋的配筋率不应小于 1.20%；同时在约束边缘构件层与构造边缘构件层之间设置两层过渡层，过渡层边缘构件的纵向钢筋的配筋率不应小于 1.30%。

⑦ 加强顶部 2~3 层及顶部凸出构件的竖向构件的延性，适当提高配筋量（比计算值增加 10% 以上）。

⑧ 连体部分楼板厚度不小于 180mm，并双层双向配筋，每层每方向钢筋网片的配筋率不小于 0.25%。

⑨ 裙房屋面板厚度取 180mm，加强配筋（增加计算值 10% 以上），并采取双层双向配筋。裙房屋面下一层结构的楼板也应加强其构造措施（配筋比计算增加 10% 以上，板厚按常规设计）。

（4）关键部位的性能设计

针对本工程的特点，由于结构连接件为特殊体系，连接部分为结构主要部位，采用基于性能的抗震设计方法对其进行分析。连接钢桁架的抗震性能指标为：小震弹性、中震弹性、大震不屈服。

8）结语与建议

（1）通过对复杂大跨、高位、连体结构的计算分析、论证，设计采用了多项有效抗震技术措施，详细分析了连体结构的受力性能，设计动参数的合理选取、结构方案的比选等，证明工程设计所采用的技术先进、安全可靠、经济性合理，可以供类似工程设计参考。

（2）复杂超限高层建筑设计应采用基于性能化的抗震设计方法，但要注意选择合理的性能目标；通过对超高层复杂结构进行弹性、弹塑性分析，实现预期的性能目标，采取比规范要求更高的抗震措施对重要的构件作适当的加强，以达到结构的抗震设防目标。

（3）复杂超限结构应分别采用不同的计算模型及不同力学模型计算程序，对其进行仔细分析研究，对计算结果应进行分析、判断，确认其合理有效后，方可作为工程设计的依据。

（4）对于一些复杂节点和部位，应补充详细的有限元计算分析，保证设计的安全和合理可靠性。

特别说明：由于项目定位的原因，本工程经过一次超限咨询后暂停。

第5章　施工及验收

5.1　一般规定

5.1.1　混凝土结构工程施工应确保实现设计要求，并应符合下列规定：

1　应编制施工组织设计、施工方案并实施；

2　应制定资源节约和环境保护措施并实施；

3　应对已完成的实体进行保护，且作用在已完成实体上的荷载不应超过规定值。

 延伸阅读与深度理解

1）本条给出了混凝土结构施工所需遵循的原则性规定。

2）施工首先需保证能够实现设计的相关要求，在保证安全的同时要强调"四节一环保"。

3）工程施工过程自然会产生多种垃圾和废弃物，坚持因地制宜的原则，实施垃圾分类减量化措施，控制对环境的污染，促进废弃物的循环再利用，是建立"资源节约型和环境保护型"社会的要求和具体体现。

4）施工完成的实体包括模板与支架、钢筋骨架、脚手架和混凝土结构等，必须及时进行保护，避免后续施工对其造成不良的影响。近年来频繁发生的工程质量安全事故分析报告指出，施工超载是造成工程事故的主要原因之一，因此施工应对作用在已完成实体上的荷载进行控制，严禁超过设计规定的值。如若不可避免遇到施工荷载超过设计规定值，应协同设计对其进行校核，并采用必要的临时措施，以保证施工阶段结构的安全。

5）特别注意：设计师务必要在结构设计说明中提醒施工单位贯彻执行2018年5月17日住房城乡建设部办公厅发布的《危险性较大的分部分项工程安全管理规定》（住房城乡建设部令第37号）通知。

住房城乡建设部办公厅关于实施

《危险性较大的分部分项工程安全管理规定》有关问题的通知

各省、自治区住房城乡建设厅，北京市住房城乡建设委、天津市城乡建设委、上海市住房城乡建设管委、重庆市城乡建设委，新疆生产建设兵团住房城乡建设局：

为贯彻实施《危险性较大的分部分项工程安全管理规定》（住房城乡建设部令第37号），进一步加强和规范房屋建筑和市政基础设施工程中危险性较大的分部分项工程（以下简称危大工程）安全管理，现将有关问题通知如下：

一、关于危大工程范围

危大工程范围详见附件1。超过一定规模的危大工程范围详见附件2。

二、关于专项施工方案内容

危大工程专项施工方案的主要内容应当包括：

（一）工程概况：危大工程概况和特点、施工平面布置、施工要求和技术保证条件；

（二）编制依据：相关法律、法规、规范性文件、标准、规范及施工图设计文件、施工组织设计等；

（三）施工计划：包括施工进度计划、材料与设备计划；

（四）施工工艺技术：技术参数、工艺流程、施工方法、操作要求、检查要求等；

（五）施工安全保证措施：组织保障措施、技术措施、监测监控措施等；

（六）施工管理及作业人员配备和分工：施工管理人员、专职安全生产管理人员、特种作业人员、其他作业人员等；

（七）验收要求：验收标准、验收程序、验收内容、验收人员等；

（八）应急处置措施；

（九）计算书及相关施工图纸。

三、关于专家论证会参会人员

超过一定规模的危大工程专项施工方案专家论证会的参会人员应当包括：

（一）专家；

（二）建设单位项目负责人；

（三）有关勘察、设计单位项目技术负责人及相关人员；

（四）总承包单位和分包单位技术负责人或授权委派的专业技术人员、项目负责人、项目技术负责人、专项施工方案编制人员、项目专职安全生产管理人员及相关人员；

（五）监理单位项目总监理工程师及专业监理工程师。

四、关于专家论证内容

对于超过一定规模的危大工程专项施工方案，专家论证的主要内容应当包括：

（一）专项施工方案内容是否完整、可行；

（二）专项施工方案计算书和验算依据、施工图是否符合有关标准规范；

（三）专项施工方案是否满足现场实际情况，并能够确保施工安全。

五、关于专项施工方案修改

超过一定规模的危大工程专项施工方案经专家论证后结论为"通过"的，施工单位可参考专家意见自行修改完善；结论为"修改后通过"的，专家意见要明确具体修改内容，施工单位应当按照专家意见进行修改，并履行有关审核和审查手续后方可实施，修改情况应及时告知专家。

六、关于监测方案内容

进行第三方监测的危大工程监测方案的主要内容应当包括工程概况、监测依据、监测内容、监测方法、人员及设备、测点布置与保护、监测频次、预警标准及监测成果报送等。

七、关于验收人员

危大工程验收人员应当包括：

（一）总承包单位和分包单位技术负责人或授权委派的专业技术人员、项目负责人、项目技术负责人、专项施工方案编制人员、项目专职安全生产管理人员及相关人员；

（二）监理单位项目总监理工程师及专业监理工程师；

（三）有关勘察、设计和监测单位项目技术负责人。

八、关于专家条件

设区的市级以上地方人民政府住房城乡建设主管部门建立的专家库专家应当具备以下

基本条件：

（一）诚实守信、作风正派、学术严谨；

（二）从事相关专业工作 15 年以上或具有丰富的专业经验；

（三）具有高级专业技术职称。

九、关于专家库管理

设区的市级以上地方人民政府住房城乡建设主管部门应当加强对专家库专家的管理，定期向社会公布专家业绩，对于专家不认真履行论证职责、工作失职等行为，记入不良信用记录，情节严重的，取消专家资格。

《关于印发〈危险性较大的分部分项工程安全管理办法〉的通知》（建质〔2009〕87号）自 2018 年 6 月 1 日起废止。

附件：1. 危险性较大的分部分项工程范围

2. 超过一定规模的危险性较大的分部分项工程范围

中华人民共和国住房和城乡建设部办公厅

2018 年 5 月 17 日

附件 1

危险性较大的分部分项工程范围

一、基坑工程

（一）开挖深度超过 3m（含 3m）的基坑（槽）的土方开挖、支护、降水工程。

（二）开挖深度虽未超过 3m，但地质条件、周围环境和地下管线复杂，或影响毗邻建、构筑物安全的基坑（槽）的土方开挖、支护、降水工程。

二、模板工程及支撑体系

（一）各类工具式模板工程：包括滑模、爬模、飞模、隧道模等工程。

（二）混凝土模板支撑工程：搭设高度 5m 及以上，或搭设跨度 10m 及以上，或施工总荷载（荷载效应基本组合的设计值，以下简称设计值）10kN/m² 及以上，或集中线荷载（设计值）15kN/m 及以上，或高度大于支撑水平投影宽度且相对独立无联系构件的混凝土模板支撑工程。

（三）承重支撑体系：用于钢结构安装等满堂支撑体系。

三、起重吊装及起重机械安装拆卸工程

（一）采用非常规起重设备、方法，且单件起吊重量在 10kN 及以上的起重吊装工程。

（二）采用起重机械进行安装的工程。

（三）起重机械安装和拆卸工程。

四、脚手架工程

（一）搭设高度 24m 及以上的落地式钢管脚手架工程（包括采光井、电梯井脚手架）。

（二）附着式升降脚手架工程。

（三）悬挑式脚手架工程。

（四）高处作业吊篮。

（五）卸料平台、操作平台工程。

（六）异形脚手架工程。

五、拆除工程

可能影响行人、交通、电力设施、通信设施或其他建、构筑物安全的拆除工程。

六、暗挖工程

采用矿山法、盾构法、顶管法施工的隧道、洞室工程。

七、其他

（一）建筑幕墙安装工程。

（二）钢结构、网架和索膜结构安装工程。

（三）人工挖孔桩工程。

（四）水下作业工程。

（五）装配式建筑混凝土预制构件安装工程。

（六）采用新技术、新工艺、新材料、新设备可能影响工程施工安全，尚无国家、行业及地方技术标准的分部分项工程。

附件2

超过一定规模的危险性较大的分部分项工程范围

一、深基坑工程

开挖深度超过5m（含5m）的基坑（槽）的土方开挖、支护、降水工程。

二、模板工程及支撑体系

（一）各类工具式模板工程：包括滑模、爬模、飞模、隧道模等工程。

（二）混凝土模板支撑工程：搭设高度8m及以上，或搭设跨度18m及以上，或施工总荷载（设计值）15kN/m^{2}及以上，或集中线荷载（设计值）20kN/m及以上。

（三）承重支撑体系：用于钢结构安装等满堂支撑体系，承受单点集中荷载7kN及以上。

三、起重吊装及起重机械安装拆卸工程

（一）采用非常规起重设备、方法，且单件起吊重量在100kN及以上的起重吊装工程。

（二）起重量300kN及以上，或搭设总高度200m及以上，或搭设基础标高在200m及以上的起重机械安装和拆卸工程。

四、脚手架工程

（一）搭设高度50m及以上的落地式钢管脚手架工程。

（二）提升高度在150m及以上的附着式升降脚手架工程或附着式升降操作平台工程。

（三）分段架体搭设高度20m及以上的悬挑式脚手架工程。

五、拆除工程

（一）码头、桥梁、高架、烟囱、水塔或拆除中容易引起有毒有害气（液）体或粉尘扩散、易燃易爆事故发生的特殊建、构筑物的拆除工程。

（二）文物保护建筑、优秀历史建筑或历史文化风貌区影响范围内的拆除工程。

六、暗挖工程

采用矿山法、盾构法、顶管法施工的隧道、洞室工程。

七、其他

（一）施工高度50m及以上的建筑幕墙安装工程。

（二）跨度36m及以上的钢结构安装工程，或跨度60m及以上的网架和索膜结构安装工程。

（三）开挖深度16m及以上的人工挖孔桩工程。

（四）水下作业工程。

（五）重量1000kN及以上的大型结构整体顶升、平移、转体等施工工艺。

（六）采用新技术、新工艺、新材料、新设备可能影响工程施工安全，尚无国家、行业及地方技术标准的分部分项工程。

【工程案例】某工程坍塌是造型梁漏写危大说明惹的祸。

2020年6月27日10时17分，位于佛山市顺德区高新区西部启动区D-XB-10-03-A-04-2地块项目8号楼在浇筑屋面构造梁过程中发生一起坍塌事故，造成3人死亡、1人受伤。

1）事故现场基本情况

涉事8号楼东、西面是施工通道，南、北面是在建工地。8号楼分南楼和北楼，南北楼之间由一条宽16m的二层平台连接。二层平台东侧设有一台塔式吊机。8号楼北楼四周搭设有外脚手架，涉事坍塌的屋面构造梁梁面距地面41.1m，该梁在浇筑⑧-7轴×⑧-J～⑧-N轴混凝土施工过程中模板支架失稳（模板支架约28m）向外侧翻倒塌，倒塌的模板支架、外脚手架及4名操作工人跌落二层平台，造成3人死亡、1人受伤，并导致二层平台钢筋混凝土结构破损约40m^2，平台多处被击穿（图2-5-1～图2-5-3）。

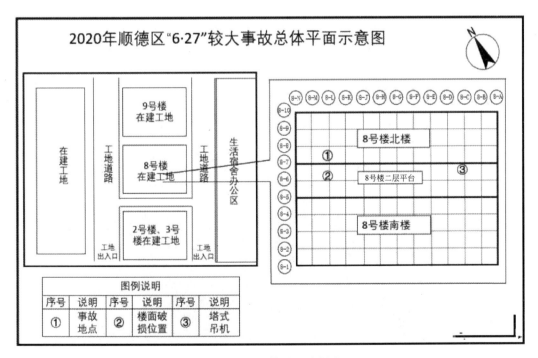

图 2-5-1 总体平面示意图

图 2-5-2　工人坠落的 8 号楼二层平台　　　图 2-5-3　二层平台混凝土结构破损、多处被击穿

2）事故直接原因

（1）认定事故直接原因：施工单位搭设的 8 号楼屋面构造梁柱模板支架不合理，屋面构造梁存在偏心现象而未采取有效防范措施，当屋面构造梁柱浇筑混凝土时，随着荷载越来越大，产生的偏心力矩也越来越大，引起斜立杆失稳，导致模架向外倾覆倒塌。

（2）具体分析如下：

① 模板支架受力分析。

屋面构造梁模板支架构造明显不合理（图 2-5-4），现有构造梁模板及梁实体结构重心偏离了门架最外侧支撑杆以外（图 2-5-5），门式支撑架的实际作用达不到模板支架稳定的预期效果，导致施工过程产生的荷载对门式支撑架产生了较大的偏心力矩，使偏心力矩变为主要由外侧的钢管斜立杆承受。

图 2-5-4　屋面构造梁模板支架构造图

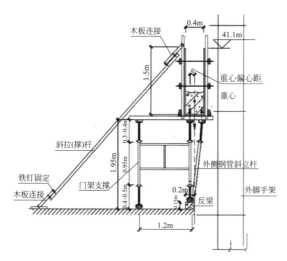

图 2-5-5 模板支撑横断面示意图

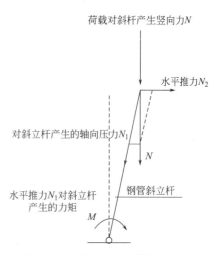

图 2-5-6 斜立杆受力分析示意图

因外侧钢管斜立杆成了关键受力杆件，故对承担主要偏心力矩的外侧钢管斜立杆进行受力分析（图 2-5-6）。

可见，施工荷载对斜立杆产生的竖向力 N 可分解为对斜立杆的轴心压力 N_1 与水平推力 N_2，水平推力 N_2 对斜立杆底部产生向外转动的力矩。由于斜立杆上下均无设置可靠的杆件进行连接，没有平衡斜立杆转动的有效约束措施，仅靠斜立杆上下支撑点的摩擦力约束作用，极不可靠。当上部浇筑混凝土时产生的荷载越来越大，力矩 M 也越来越大，大到一定程度，支撑点的摩擦约束失效，引起斜立杆失稳。

当外排斜立杆失稳，偏心力矩由侧向拉（撑）杆承受，并对其产生拉力，对侧向拉（撑）杆进行受力验算，按杆件间距 2.0m，梁混凝土按实际施工完成 0.6m 高进行计算，验算结果，斜杆受到的拉力为 2.87kN（约为 287kg 力），现有拉（撑）杆仅使用几根铁钉和木板与钢管连接（图 2-5-7），连接处明显不牢固，不可靠，不可能承受 2.87kN 的拉力，该斜向拉（撑）杆不起作用，不能起到防止梁模板侧倾的作用。

(a)

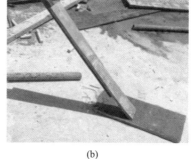

(b)

图 2-5-7 现场梁支撑实况

② 模板支撑架倒塌原因分析。

A. 由于屋面构造梁截面及自重较大，且存在偏心的情况，梁外边线外偏楼面

200mm，现有模板支撑无施工方案，也未根据现场实际条件进行技术交底；现场搭设模板支撑时，未对偏心情况采取合理有效解决方法，只简单地在门架支撑外侧增加了一排钢管斜立杆进行处理，由于此方法不合理，使得附加的外排斜立杆承担了主要的偏心力矩。由于外排钢管斜立杆只单排独立设置，斜立杆存在向外倾斜等不利因素，且外排立杆未按施工规范要求设置扫地杆，以及纵横向连接杆件等有效连接构造措施，外排钢管斜立杆也未与门式钢管支撑架连成整体；梁模板侧面斜向防倾拉（撑）杆设置不当，连接不牢固、不可靠，基本上不起作用，模板支架没有形成安全有效的侧向支撑系统，整个模板支撑系统未形成安全稳定的受力体系。

B. 当屋面构造梁进行混凝土浇捣时，荷载对梁模板外侧钢管斜立杆产生偏心力矩。受力分析表明，上部荷载对斜立杆产生的水平推力对斜立杆底部产生向外转动的力矩，而由于斜立杆上下均无设置可靠的杆件进行连接，没有平衡斜立杆转动的有效约束措施，仅靠杆件支撑点的摩擦力提供约束，并不可靠，根本限制不了斜立杆的转动。当上部浇筑混凝土时产生的荷载越来越大，产生的力矩也越来越大，大到一定程度时，支撑点提供的摩擦约束失效，引起斜立杆失稳倒塌，斜立杆失稳后模板及实体梁重心完全偏离模板支撑架之外。经计算，此时偏心力矩对模板斜拉（撑）杆产生的拉力为 2.87kN（约为 287kg力），而模板侧面的斜拉（撑）杆因构造连接方式不当，仅使用木板条与几根铁钉连接固定斜杆，此连接方式显然不能承受所产生的拉力，起不到防止模板支架侧倾的作用，导致梁模板及已浇捣的梁混凝土向外倾覆并带动模板支架整体向外倒塌，造成安全事故。

③ 排除自然灾害因素造成事故。

经调查组现场勘察，结合顺德区地震局和顺德区杏坛镇高赞村委会自动气象站记录，6 月 27 日上午 9 时至 11 时，事发地天气晴、无降水，气温 31～34℃，偏西风 1～2 级，无地震发生。排除因地震、恶劣天气等自然灾害因素引发事故的可能性。

3）事故间接原因

（1）施工单位严重违反安全生产法律法规和有关规定。

施工单位广东大城建设集团有限公司项目经理长期不在岗，安全管理机构与实际不符、安全管理混乱，日常管理工作实际由高中未毕业且不具备任何相应执业资格和管理能力的项目经理助理负责，安全管理工作实际由小学文化程度且不具备相应安全管理能力的生产主管统筹，专职安全管理人员职责不明，工作随意；没有针对屋面构造梁模板工程编制专项施工方案，且事后弄虚作假，伪造专项施工方案应对调查；隐患排查制度未落实，检查流于形式，没有发现 8 号楼屋面构造梁模板支撑体系存在重大安全隐患并及时消除；8 号楼屋面构造梁模板工程验收程序流于形式，项目技术负责人和项目经理未按要求到现场参与验收，验收记录弄虚作假；施工前，未对有关安全施工的技术要求作出详细说明，没有进行方案交底，没有进行安全技术交底；未对从业人员进行安全生产教育和培训，教育培训档案资料造假；施工方案审批表、施工日志等档案资料弄虚作假。

（2）监理单位工作形同虚设。

监理单位广东建友工程建设监理有限公司对施工单位项目经理长期不在岗、安全管理混乱、安全生产档案资料弄虚作假行为放任不管；对工程设计文件不熟悉，对 8 号楼屋面构造梁施工涉及危大工程不清楚、不掌握；没有发现并督促施工单位在 8 号楼屋面构造梁施工前编制危大工程专项施工方案；没有认真审查施工组织设计中的安全技术措施是否符合工程建设强制性标准；没有结合8号楼屋面构造梁模板支撑体系危大工程编制监理实施细则，没有对该危大工程施工实施专项巡视检查；日常巡查没有发现8号楼屋面构造梁模板支撑体系存在重大安全隐患并消除；对8号楼屋面构造梁搭建的模板支撑体系验收流于形式，专业监理工程师未按规定到场参与验收，监理员对模板支撑体系存在的重大安全隐患视而不见，监理形同虚设。

（3）设计单位工作存在重大疏漏。

设计单位深圳机械院建筑设计有限公司未在设计文件中注明8号楼屋面构造梁施工涉及危大工程，没有提出保障工程施工安全的意见；未进行设计交底，未针对8号楼屋面构造梁向建设单位、施工单位、监理单位作出特别说明。调查组聘请有关设计专家对屋面构造梁、柱进行复核计算，判定屋面构架柱配筋设计不满足正常使用及抗震设计受力要求。

（4）建设单位未依法履行安全生产职责。

建设单位顺德宏钜科技产业发展有限公司没有组织设计单位在设计文件中列出危大工程清单，也没有要求施工单位完善危大工程清单，并明确相应的安全管理措施；巡查检查工作不细致、不认真，没有发现8号楼屋面构造梁模板支撑体系属于危大工程，没有发现模板支撑体系存在重大安全隐患；对施工、监理单位安全生产工作统一协调、管理不力；对施工单位项目经理长期不在岗，安全管理混乱等问题置若罔闻，对监理单位监理工作流于形式缺乏监督管理。

（5）审图单位把关不严。

审图单位广东建同工程技术咨询有限公司顺德分公司对设计文件没有认真进行审查，对施工图纸未标明涉及危大工程部位和环节的情况没有提出审查意见，审图过程中也没有发现屋面构造梁施工涉及危大工程，没有发现屋面构架柱配筋设计不满足正常使用及抗震设计受力要求。

（6）行业主管部门履职不到位。

顺德区住房城乡建设和水利局未依法履职。对施工单位日常监督检查流于形式，对施工单位项目经理长期不在岗、安全管理混乱的情况监管不到位，对安全生产档案资料弄虚作假现象失察；河源龙川"5·23"较大事故发生后，虽然根据省、市有关文件要求，迅速制定了《佛山市顺德区住房城乡建设和水利局关于脚手架及模板支撑专项检查的紧急通知》，但年中专项检查没有认真结合该通知精神落实重大隐患检查，专项检查流于形式，没有检查模板支撑等重点内容的情况下在检查表中全部勾记"已检查"，没有发现8号楼屋面构造梁模板支撑体系存在重大安全隐患。

（7）属地有关协调机构日常服务管理不到位。

顺德高新技术产业开发区管理委员会为更好服务企业，主动承担包括涉事工地在内的管委会辖区范围内的项目巡查检查，但检查工作不到位，聘请的专家不具备相应资质能力，对检查发现的安全隐患没有函告行业主管部门，没有督促企业及时消除安全隐患。

4）事故性质

经调查认定，顺德区"6·27"较大坍塌事故是一起生产安全责任事故。

5）对事故相关责任人员和责任单位的处理建议

（1）建议追究刑事责任人员（2人）。

（2）建议立案侦查人员（2人）。

（3）建议给予党纪处分和责任追究人员（10人）。

（4）对有关责任单位及人员的处理建议。

① 广东大城建设集团有限公司对事故负有责任。建议佛山市应急管理局依据《中华人民共和国安全生产法》《生产安全事故报告和调查处理条例》（国务院令第493号）等有关法律法规规定，对该公司及其主要负责人（总经理，主持公司全面工作）实施行政处罚，并按有关规定将该公司及总经理纳入全国安全生产失信联合惩戒管理；对大城公司常务副总经理兼珠三角片区公司总经理、佛山分公司经理实施行政处罚。

② 广东建友工程建设监理有限公司对事故负有责任。建议佛山市应急管理局依据《中华人民共和国安全生产法》《生产安全事故报告和调查处理条例》（国务院令第493号）等法律法规有关规定，对该公司及其主要负责人（法定代表人、总经理，主持公司全面工作）实施行政处罚，并按有关规定将该公司及总经理纳入全国安全生产失信联合惩戒管理。

③ 深圳机械院建筑设计有限公司对事故发生负有责任。建议佛山市应急管理局依据《中华人民共和国安全生产法》《生产安全事故报告和调查处理条例》（国务院令第493号）等法律法规有关规定，对该公司及其主要负责人（法定代表人兼总经理）实施行政处罚，并按有关规定将该公司及总经理纳入全国安全生产失信联合惩戒管理。

④ 佛山顺德宏钜科技产业发展有限公司未依法履行安全生产职责。建议佛山市应急管理局依据《中华人民共和国安全生产法》《生产安全事故报告和调查处理条例》（国务院令第493号）等法律法规有关规定，对该公司及其主要负责人（法定代表人、总经理，主持公司全面工作）实施行政处罚。

笔者的观点：6·27某造型梁坍塌事故，主责也许与结构设计无关，但连带责任是逃不脱的，安全无小事，胆大心细是结构人应具有的素质。

5.1.2　材料、构配件、器具和半成品应进行进场验收，合格后方可使用。

 延伸阅读与深度理解

1）对施工中使用的材料、构配件、器具和半成品进行场验收，是确保其质量符合国家现行有关标准的要求，是保证工程质量的前提和重要措施，同时也是《中华人民共和国建筑法》《建设工程质量管理条例》等法律法规中"不合格的材料不得用于建设工程"规定的具体落实。

2）实际工程中，材料、构配件、器具和半成品进行场抽样检验，应预先制定详细的检测、试验方案并在施工过程中贯彻实施。

3）本条所说"材料"包括混凝土原材料、预拌混凝土以及其他建筑材料。控制混凝土中的氯离子及碱含量是保证混凝土结构安全和耐久性的关键措施之一，必须严格控制。

4）本条规定了建筑工程施工质量验收的基本要求可参见《建筑工程施工质量验收统一标准》GB 50300-2013 相关规定。

5.1.3 应对隐蔽工程进行验收并做好记录。

 延伸阅读与深度理解

1) 混凝土结构工程施工中需要对隐蔽的项目，包括钢筋、预应力筋、预埋件、预埋螺栓、套管等，在混凝土浇筑之前，对这些项目应进行验收，主要是为了确保其施工质量符合设计要求，特别是钢筋规格、数量、位置的准确性，预埋件、预埋螺栓、套管等应按设计要求的位置施工，并需要进行验收检查，避免出现问题后期拆改困难。

2) 考虑到隐蔽工程在隐蔽后难以检验，因此，隐蔽工程在隐蔽前应进行验收，验收合格后方可继续施工。

3) 隐蔽工程验收必须有详细记录，应具有可追溯性。

5.1.4 模板拆除、预制构件起吊、预应力筋张拉和放张时，同条件养护的混凝土试件应达到规定强度。

 延伸阅读与深度理解

1) 模板拆除、预制构件起吊、预应力筋张拉和放张时，均要求结构混凝土具有一定的强度后，使结构构件在承受相应的施工荷载或预应力时，能满足施工阶段承载力、变形和抗裂要求。

2) 模板拆除时，可采取先支的后拆、后支的先拆，先拆非承重模板、后拆承重模板的顺序，并应从上而下进行拆除。

3) 底模及支架应在混凝土强度达到设计要求后再拆除；当设计没有具体要求时，可参考现行国家标准《混凝土结构工程施工规范》GB 50666 的相关规定。

4) 预制构件起吊、预应力筋张拉和放张均应符合现行国家标准《混凝土结构工程施工规范》GB 50666 的相关规定。

5.1.5 混凝土结构的外观质量不应有严重缺陷及影响结构性能和使用功能的尺寸偏差。

 延伸阅读与深度理解

1) 混凝土结构的外观质量有严重缺陷，通常会影响结构性能、使用功能和耐久性，如较严重的蜂窝麻面等。施工过程中发现混凝土外观缺陷，应认真分析缺陷产生的原因；对影响外观的质量缺陷，施工单位应制定专项处理方案，方案应经过论证审批后实施，不得擅自处理。

2) 过大的施工尺寸偏差可能影响结构构件的受力性能、使用功能，也可能会影响后续安装工程的正常施工。因此，混凝土结构不应有过大的尺寸偏差（大于验收规范规定的偏差），这是质量验收合格的重要条件，超越验收规范规定的外观质量缺陷必须进行处理。具体处理方法需要结合具体质量缺陷程度，参考现行国家标准《混凝土结构工程施工规范》GB 50666 的相关规定。

5.1.6　应对涉及混凝土结构安全的代表性部位进行实体质量检验。

 延伸阅读与深度理解

1）结构实体质量检验是在所含各分项工程验收合格的基础上，以完成的结构实体为对象，对重要项目进行的复核性检查，其目的是强化混凝土结构的施工质量验收，确保结构工程的质量。

2）主要检验内容包括混凝土强度、钢筋保护层厚度、实体结构的位置和尺寸偏差等。另外，施工过程中的钢筋骨架实体、钢筋连接等也属于实体检验的范围。

3）结构实体检验应在监理工程师见证下，由施工项目技术负责人组织实施。承担结构实体检验的机构应具有法定资质。

说明：当工程未设监理时，也可由建设单位项目专业技术负责人执行。

4）结构实体检验的内容应包括混凝土强度、钢筋保护层厚度以及工程合同约定的项目。必要时，可检验其他项目。

5）当混凝土强度被判为不合格或钢筋保护层厚度不满足要求时，应委托具有资质的检测机构按国家有关标准的规定进行检测。

6）具体参见现行国家标准《混凝土结构工程施工质量验收规范》GB 50204 相关规定。

5.2　模板工程

5.2.1　模板及支架应根据施工过程中的各种控制工况进行设计，并应满足承载力、刚度和整体稳固性要求。

 延伸阅读与深度理解

1）模板及支架虽然是施工过程中的临时结构，但由于其在施工过程中可能遇到各种不同的荷载及其组合，某些荷载还具有不确定性，故其设计既要符合建筑结构设计的基本要求，要考虑结构形式、荷载大小等，又要结合施工过程的安装、使用和拆除等各种主要工况进行设计，以保证其安全可靠，在任何一种可能遇到的工况下仍具有足够的承载力、刚度和稳固性。

2）现行国家标准《工程结构可靠性设计统一标准》GB 50153 规定，结构的整体稳固性系指结构在遭遇偶然事件时，仅产生局部损坏而不致出现与起因不相称的整体性破坏；模板及支架的整体稳固性系指在遭遇不利施工荷载工况时，不因构造不合理或局部支撑杆件缺失造成整体性坍塌。

3）模板及支架设计时应考虑模板及支架自重、新浇筑混凝土自重、钢筋自重、施工人员及施工设备荷载、新浇筑混凝土对模板侧面的压力、混凝土下料产生的水平荷载、泵送混凝土或不均匀堆载等因素产生的附加水平荷载、风荷载等。

4）各种工况可以理解为各种可能遇到的荷载及其组合产生的效应。本条是对模板及支架工程的基本要求，直接影响模板及支架的安全，并与混凝土结构施工质量密切相关，故列为强制性条文，必须严格执行。

5）2018年5月17日，住房城乡建设部办公厅发布《危险性较大的分部分项工程安全管理规定》（住房城乡建设部令第37号），提出了对于滑模、爬模、飞模、隧道模等工程及高大模板及支架工程的专项施工方案进行技术论证的要求。模板及支架工程的安全一直是施工现场安全管理的重点及难点，超过一定规模的危险性较大的混凝土模板是指：搭设高度8m及以上，搭设跨度18m及以上，施工总荷载15kN/m²及以上，集中线荷载20kN/m及以上；承重支撑体系：用于钢结构安装等满堂支撑体系，承受单点集中荷载7kN及以上；脚手架工程；搭设高度50m及以上的落地式钢管脚手架工程，提升高度在150m及以上的附着式升降脚手架工程或附着式升降操作平台工程，架体搭设高度20m及以上的悬挑式脚手架工程。

6）其他模板及支架相关要求参见《混凝土结构工程施工规范》GB 50666-2011的相关规定。

【工程案例】2014年，笔者参与处理的吉林某车库顶板局部突然垮塌。

工程概况：住宅工程带有地下车库，覆土厚度0.9m，车库柱网8.4m×8.4m，在施工车库顶板时，突然有一天夜里，甲方打电话咨询说：他们一个地下车库顶板刚刚浇筑完顶板混凝土，突然有近200m²的区域坍塌，好在没有人员伤亡。咨询我是否是设计问题？笔者进一步了解情况后明确告诉甲方，肯定不是设计问题。甲方希望笔者第2天去现场和相关专家实际查看，并进行原因分析及处理方案建议。

图2-5-8是笔者在现场拍的几张照片。

(a)　　(b)　　(c)　　(d)　　(e)

图2-5-8　现场垮塌照片

由以上这些图片不难看出坍塌的原因：模板支撑很随意（各种木棍），竖向稳定性严重不足。

坍塌原因：经过现场了解，施工单位说，是因为浇完混凝土，施工人员在"拖拉"振捣棒时，出现了局部垮塌。

5.2.2　模板及支架应保证混凝土结构和构件各部分形状、尺寸和位置准确。

 延伸阅读与深度理解

1）混凝土结构施工过程中，模板及支架的主要功能之一是保证浇筑成形的混凝土满足设计对构件形状、尺寸和位置的要求，也是混凝土结构实现设计的基本保证。

2）现浇混凝土结构的模板及支架安装完成后，应按照专项施工方案对下列内容进行检查验收：

（1）模板的定位；

（2）支架杆件的规格、尺寸、数量；

（3）支架杆件之间的连接；

（4）支架的剪刀撑和其他支撑设置；

（5）支架与结构之间的连接设置；

（6）支架杆件底部的支承情况。

5.3　钢筋及预应力工程

5.3.1　钢筋机械连接或焊接接头试件应从完成的实体中截取，并应按规定进行性能检验。

 延伸阅读与深度理解

1）钢筋的连接质量直接影响钢筋性能的发挥，焊接或机械连接质量均受现场施工环境及操作质量的影响，从钢筋安装工程实体中截取试件，更能真实地代表并反映其连接质量。

2）常用几种钢筋焊接简介：

（1）钢筋电渣压力焊：将两钢筋安放成竖向对接形式，通过直接引弧法或间接引弧法，利用焊接电流通过两钢筋端面间隙，在焊剂层下形成电弧过程和电渣过程，产生电弧热和电阻热熔化钢筋加压完成的一种压焊方法。

①电渣压力焊仅应用于柱、墙等构件中的竖向（倾斜角不大于10°）的受力钢筋的连接，不得用于梁、板等构件的水平钢筋的连接。也不允许将钢筋竖向焊接，然后放置于梁、板构件中作为水平钢筋之用。

②钢筋电渣压力焊的最小直径为12mm。

③电渣压力焊可以采用两种同牌号、不同直接的钢筋，钢筋径差不得超过7mm。

④ 两根同直径、不同牌号的钢筋可进行电渣压力焊，焊条、焊丝和焊接工艺参数应按较高牌号钢筋选用，对接头强度的要求应按较低牌号钢筋强度计算。

（2）钢筋闪光对焊：将两钢筋以对接形式水平安放在对焊机上，利用电阻热使接触点金属熔化，产生强烈闪光和飞溅，迅速施加顶锻力完成的一种压焊方法。

① 钢筋闪光对焊的最小直径为 8mm（ϕ6mm 用于箍筋）。

② 钢筋闪光对焊可以采用两种同牌号、不同直接的钢筋，钢筋径差不得超过 4mm。

③ 两根同直径、不同牌号的钢筋可进行闪光对焊，焊条、焊丝和焊接工艺参数应按较高牌号钢筋选用，对接头强度的要求应按较低牌号钢筋强度计算。

④ 在环境温度低于 -5℃ 条件下施焊时，宜采用预热闪光焊。

⑤ 2022 年住房城乡建设部印发的《房屋建筑和市政基础设施工程危及生产安全施工工艺、设备和材料淘汰目录（第一批）》明确规定：钢筋闪光对焊工艺，在非固定的专业预制厂（场）或钢筋加工厂（场）内，对直径大于或等于 22mm 的钢筋进行连接作业时，不得使用钢筋闪光对焊工艺。

（3）钢筋焊条电弧焊：钢筋焊条电弧焊是以焊条作为一极，钢筋作为另一极，利用焊接电流通过产生的电弧热进行焊接的一种熔焊方法。

① 电弧焊包括帮条焊、搭接焊、坡口焊、窄间隙焊和熔槽帮条焊 5 种接头形式。

② 钢筋电弧焊的最小直径为 10mm。

③ 要特别注意，防雷接地焊应采用双面焊，且焊缝长度不应小于 $6d$，《建筑电气工程施工质量验收规范》GB 50303-2015 规定，一般双面焊是 $5d$。

（4）钢筋气压焊：采用氧-乙炔火焰或氧液化石油气火焰（或其他火焰），对两钢筋对接处加热，使其达到热塑性状态（固态）或熔化状态（熔态）后，加压完成的一种压焊方法。

① 气压焊可用于钢筋水平、竖向、倾斜各种对接焊。

② 钢筋气压焊的最小直径为 12mm。

③ 气压焊可以采用两种同牌号、不同直接的钢筋，钢筋径差不得超过 4mm。

④ 两根同直径，不同牌号的钢筋可进行气压焊，焊条、焊丝和焊接工艺参数应按较高牌号钢筋选用，对接头强度的要求应按较低牌号钢筋强度计算。

（5）以下两种情况不应采用焊接：

① 当环境温度低于 -20℃ 时，不得焊接。

② 直接承受动力荷载的结构构件中。

3）钢筋连接方式选择建议：

钢筋连接一般可选择机械连接、绑扎搭接或焊接。2002 年以前，我们国家在结构的重要部位的钢筋连接皆采用焊接，自 2002 版《高规》开始已经改为重要部位宜机械连接，不宜采用焊接。这是基于以下几个方面考虑：

（1）目前施工现场的钢筋焊接，由于焊接技术要求较高，焊接质量不易保证，各种人工焊接常不能采取有效的检验方法，仅凭肉眼观察，对焊接质量内部质量问题不能有效检查。再加上当前焊接工人的技术水平、职业素质也往往不尽如人意，难以完全达到焊接质量要求。

（2）1995 年日本阪神地震震害中，发现到处采用焊接的柱纵向钢筋在焊接处都有拉断的情况。

（3）英国规定：如有可能，应避免在现场采用人工电弧焊。

（4）美国"钢筋协会"提出，"在现有的各种钢筋连接中，人工电弧焊可能是最不可靠和最贵的连接方法"（说明美国人工费极高，在我国人工费便宜）。

（5）焊接引起的火灾事故时有发生。

（6）特别提醒注意，近几年由于开发商限制用钢量及对投资控制需要，不少"优化公司"建议开发上全部把机械连接及搭接连接改为各种焊接。这种理论上可行，但实际很可能埋下安全隐患。笔者建议关键部位纵向钢筋连接还是应采用机械连接，至少做到设计要求采用机械连接。

（7）目前机械连接的技术已经比较成熟，可供选择的品种较多，质量和性能比较稳定，施工及检测比较简单。

4）焊接或机械连接的相关要求参见《钢筋机械连接技术规程》JGJ 107、《钢筋焊接及验收规程》JGJ 18 的规定。

5）传统的施工工艺可以归类为焊接法、机械连接法。细分下来有诸如搭接焊、帮条焊、闪光对接、直螺纹、电渣压力焊等（图 2-5-9）。

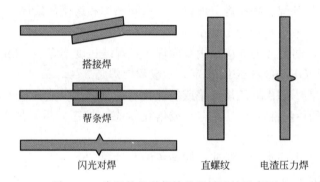

图 2-5-9　常见的几种焊接及机械连接示意图

5.3.2 **锚具或连接器进场时，应检验其静载锚固性能。由锚具或连接器、锚垫板和局部加强钢筋组成的锚固系统，在规定的结构实体中，应能可靠传递预加力。**

 延伸阅读与深度理解

1）锚具、夹具和连接器的静载锚固性能是预应力筋可靠受力并发挥作用的重要指标。

2）锚具或连接器、锚垫板和局部加强钢筋组成的锚固系统在规定的结构实体中必须能够可靠传力，这是预应力体系在预应力混凝土结构中发挥作用并保证其安全性的另一项重要指标。

3）本条中"结构实体"是指锚具通过锚垫板等将预加力传递给结构混凝土时，承受预加力的局部结构实体。

5.3.3 **钢筋和预应力筋应安装牢固、位置准确。**

延伸阅读与深度理解

1）钢筋和预应力筋在混凝土结构构件中的配置数量和位置由设计人员依据结构分析、概念设计和能力需求确定，对保证结构构件的正常使用性能与承载力至关重要。

2）预应力筋属于隐蔽工程，在浇筑混凝土之前，应进行预应力的品种、级别、规格、数量和位置，成孔管道的规格、数量、位置、形状、连接以及灌浆孔、排气兼泌水孔，局部加强筋的牌号、规格、数量和位置，预应力筋锚具和连接器及锚垫板的品种、规格、数量和位置等进行验收。

3）在施工过程中，应按设计给定的数量和位置进行安装并固定牢固，确保在混凝土浇筑过程中不移位，确保按设计要求发挥作用。

5.3.4　预应力筋张拉后应可靠锚固，且不应有断丝或滑丝。

 延伸阅读与深度理解

1）由于预应力筋断裂或滑丝对结构构件的受力性能和抗裂性能影响极大，而出现断裂意味着其在材料、安装及张拉环节存在缺陷或隐患，因此作出此规定，以确保相关材料及工序的质量。

2）先张法预应力构件中的预应力筋不允许出现断裂或滑脱，若在浇筑混凝土前出现断裂或滑脱，相应的预应力筋应予以更换。

3）后张法预应力结构中预应力筋断裂或滑脱的数量，钢绞线出现断裂或滑脱的数量不应超过同一截面钢绞线总根数的 3%，且每根断裂的钢绞线断丝不得超过一丝；对多跨双向连续板，其同一截面应按每跨计算。

5.3.5　后张预应力孔道灌浆应密实饱满，并应具有规定的强度。

 延伸阅读与深度理解

1）预应力筋张拉后处于高应力状态，对腐蚀非常敏感，灌浆是对预应力筋的永久保护措施，要求孔道内水泥浆饱满密实，完全握裹住预应力筋。

2）规定灌浆材料具有一定的强度，主要是为保证孔道灌浆材料与预应力筋之间具有足够的粘结力，确保预应力筋与混凝土共同工作。

3）灌浆质量的检验应着重现场观察检查，必要时也可凿孔或采用无损检查。

4）灌浆质量应强调其密实性从而对预应力筋提供可靠的防腐保护，而水泥浆与预应力筋之间的粘结力同时也是预应力筋与混凝土共同工作的前提。故要求水泥浆的抗压强度不应小于 30MPa。

5.4 混凝土工程

5.4.1 混凝土运输、输送、浇筑过程中严禁加水；运输、输送、浇筑过程中散落的混凝土严禁用于结构浇筑。

 延伸阅读与深度理解

1）混凝土运输、输送、浇筑过程中加水会严重影响混凝土质量；运输、输送、浇筑过程中难免散落混凝土，散落后的混凝土拌合物不能保证其工作性能和质量。所以这些现象应杜绝。

2）采用搅拌运输车运输混凝土，当混凝土坍落度损失较大不能满足施工要求时，可在运输车罐内加入适量的与原配合比相同成分的减水剂。减水剂加入量应事先由试验确定，并应做好记录，具有可追溯性。

5.4.2 应对结构混凝土强度等级进行检验评定，试件应在浇筑地点随机抽取。

 延伸阅读与深度理解

1）结构混凝土强度等级是否符合设计要求，对混凝土结构工程来说是重中之重，近年各地时有出现混凝土强度等级不满足设计要求的工程案例，为此，应对检验批内标准养护试件的抗压强度代表值按有关标准的要求进行评定。

2）用于混凝土强度等级评定的标准养护试件应在混凝土浇筑地点（通常指混凝土入模处）随机抽取混凝土制作，以保证试件的代表性。

3）由于混凝土拌合物在现场输送过程中，仍有可能出现性能的变化，因此规定试件应在混凝土入模处抽取，确保试件与实际混凝土性能一致。

5.4.3 结构混凝土浇筑应密实，浇筑后应及时进行养护。

 延伸阅读与深度理解

1）规定混凝土的密实性是为了保证混凝土浇筑后具有相应的强度、抗渗性等的重要保证。

2）养护条件对于混凝土强度的增长有重要影响。在施工过程中，应根据原材料、配合比、浇筑部位和季节等具体情况，制定合理的养护技术方案，采取有效的养护措施，保证混凝土强度正常增长。

3）混凝土养护是补充水分或降低水速率，防止混凝土产生施工裂缝，确保达到混凝土各项力学性能指标的重要措施。

4）在混凝土初凝、终凝抹面处理后，应及时进行养护工作。混凝土终凝后至养护开始的时间间隔尽可能缩短，以保证混凝土养护所需的湿度以及混凝土进行温度控制。

5）混凝土浇筑后应及时进行保湿养护，保湿养护可采用洒水、覆盖、喷涂养护等方式。养护方式应根据现场条件、环境温（湿）度、构件特点、技术要求、施工操作等因素综合确定。

6）未经处理的海水严禁用于结构混凝土的拌制和养护。

7）注意，目前我们国家地下水基本都具有腐蚀性，除微腐蚀外，其他腐蚀均需要注意：未经处理的地下水不得直接搅拌混凝土，不得用于养护混凝土。

8）关于混凝土浇筑、养护相关问题见现行国家标准《混凝土结构工程施工规范》GB 50666 的相关规定。

9）混凝土养护的几个不合适的概念。

混凝土养护是人为造成一定的湿度和温度条件，使刚浇筑的混凝土得以正常的或加速其硬化和强度增长。混凝土所以能逐渐硬化和增长强度，是水泥水化作用的结果，而水泥的水化需要一定的温度和湿度条件。如周围环境不存在该条件时，则需人工对混凝土进行养护，图 2-5-10 为某工程养护人员在对混凝土进行养护及养护后塑料薄膜保湿。

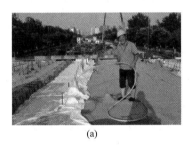 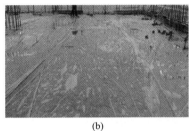

　　　　　　(a)　　　　　　　　　　　　(b)

图 2-5-10　某工程养护人员正在养护及塑料薄膜保湿

在建筑工地上，对浇筑成型的混凝土覆盖浇水养护是一件很平常的事。现对其覆盖浇水养护的机理及作用进行分析，以便走出对其认识的几个误区。

（1）混凝土浇水养护的目的只是水泥水化的需要。

混凝土浇筑成型后，必须对其进行覆盖浇水，以满足混凝土表面在一定时间内保持湿润状态的要求。与此同时，为防止养护水的急剧蒸发，还应用塑料薄膜、麻袋片或草袋等材料加以覆盖。然而，混凝土的养护不仅只是浇水，还包含广泛而深刻的内容，概括起来主要有以下两点：一是为使混凝土在一定时间内保持足够充分的湿润状态，以满足水泥水化的需要；二是要保证混凝土在不同的环境温度条件下，能保持有合适的最高温度、合适的内外温差及其合适的表面与环境大气的温差，同时还要有适当的降温速率和升温速率。

（2）混凝土浇水养护的最迟开始时间是浇筑成型后的 12h。

《混凝土结构工程施工质量验收规范》GB 50204-2015 规定，应在浇筑完毕后的 12h 以内对混凝土加以覆盖并保湿养护（图 2-5-11）。然而有许多施工人员误解为，混凝土浇筑完毕后的浇水养护的最迟开始时间是其后的 12h，也就是说，只要是在混凝土浇筑完毕后的 12h 前进行浇水养护就满足规范要求。因此，在工地上常会遇到技术人员催促养护浇水，可是有人会说，混凝土浇筑完毕才几小时，离 12h 还远呢！不着急。

图 2-5-11　混凝土浇水养护

　　由于水泥及混凝土技术的不断进步和发展，尤其是近年来，高性能混凝土、早强混凝土、高强混凝土及预拌混凝土等的广泛应用，其所用混凝土强度等级及水泥强度等级较高、水泥用量较大、早期强度高、水胶比大等原因，使混凝土的温度变形、干缩变形和自收缩变形都较大，混凝土开裂时有发生，其中混凝土的浇水养护时间的过迟成为早期开裂的重要原因之一，必须引起施工人员的重视。多年前，工地上经常遇到的是流动性很大的塑性混凝土，其浇筑体积也不大、混凝土强度等级及水泥强度等级都较低、水泥用量小，早期水化程度不高、干缩小，又没有自收缩，在这种情况下，要求这样的塑性混凝土在浇筑完毕后 12h 以内浇水养护可能是适宜的，但对于现在混凝土来说，过迟浇水养护则会造成开裂并对潜在质量带来不利影响。

　　混凝土的自收缩从其初凝时就已经开始，早期发展特别快，24h 之内可完成大部分，以后则迅速衰减，其值可达 $(0.025{\sim}0.050){\times}10^{-3}$，同时还随水胶比的减小而增大，并随温度的提高而增加。与此同时，随着混凝土强度的逐渐增长，其极限拉应变也由成形后 2h 的 $4.0{\times}10^{-3}$ 急剧下降，$6{\sim}12h$ 可下降至 $0.04{\times}10^{-3}$，达到混凝土开裂的风险期。如果按规范的规定，以传统塑性混凝土的要求，误以浇筑完毕后 12h 以内的最迟开始时间才开始浇水养护，其时间显然已大大滞后于混凝土开裂的危险期，规范所规定的最迟开始浇水养护时间已不适用于现代混凝土的养护要求。

　　有许多人错误地认为，混凝土的浇水养护只要是在混凝土浇筑完毕后的 12h 以内的任何时间开始都行，也就是说，在此 12h 的时间范围内浇水养护可早可晚，时间的可塑性很大，这种认识和做法，显然是不合适的。

　　（3）混凝土的浇水养护时间越长越好。

　　《混凝土结构工程施工规范》GB 50666-2011 规定：对采用硅酸盐水泥、普通硅酸盐水泥或矿渣硅酸盐水泥拌制的混凝土，养护时间不应少于 7d；对于掺用缓凝型外加剂或有抗渗要求的混凝土，不应少于 14d；抗渗混凝土、强度等级 C60 及以上的混凝土，后浇带混凝土等养护不应少于 14d。这里需要指出，规范所规定的只是浇水养护的最少时间，而没有给出浇水养护的最佳持续时间和最长时间。理论上理解似乎养护时间越长越好，其实不尽然，浇水养护时间越长，水泥水化程度越高，水泥的不可逆收缩也越大，水泥颗粒如果全部水化，其所生成的水泥凝胶不只是使混凝土强度提高，与此同时还会产生很大的收缩，严重时可引起混凝土开裂。像混凝土中骨料所起的稳定体积作用一样，水泥石中需有一定数量的未水化的水泥颗粒，或其他惰性物质来稳定体积，因此，浇水养护时间并不是越长越好。以盲目延长浇水养护时间作为"加强养护"的做法，显然是不合适的。现在水泥和混凝土技术的进步和发展，要求做到的是"恰到适时"的浇水养护。

试验证明，标准养护7d和标准养护14d的混凝土，其各龄期的干缩基本相同，而过长时间的养护并不能进一步减小收缩，这时如果进行长时间的浇水养护，由于混凝土内部生成的水化物增多，反而在一定程度上增加了混凝土的收缩。长时间的湿润养护不能有效地减小混凝土的干缩，虽然可以推迟收缩的开始时间，但影响甚微。

"恰到适时"养护时间的长短与组成材料的选择、混凝土配合比、环境温度和湿度、风速及养护方法等诸多因素有关。

混凝土水胶比越低，越需及时加强外部补充水的供给，但浇水养护的时间可适当短些；水胶比大时，混凝土中的自由水多，如果混凝土处于相对湿度较大地区，湿养护的影响不大，但其养护时间相对要长些，才能使其渗透性稳定；如果水胶比较大，但处于相对湿度较小地区，湿养护也不可轻视，养护时间不可缩短；掺有粉煤灰等矿物掺合料的混凝土，因其水胶比较小，如果外部补充水供给不足，表面的吸附水很容易蒸发，反应很慢的粉煤灰等掺合料，其抗裂作用和强度增长一样，在低水胶比的条件下，只有加强浇水养护才能有效地发挥出来，浇水养护不但要充分而且时间也要长些。对于掺有缓凝型外加剂及对抗渗有要求的混凝土，正如规范所要求的那样，浇水养护时间应予适当延长。目前关于该方面的科研资料甚少，有待今后加强研究和总结，以便指导混凝土施工。现从水胶比对要求的保湿养护时间列于表2-5-1中。

水胶比所需混凝土的养护时间　　　　　　　　　　　　　　　　　表 2-5-1

水胶比	时间（d）
0.70	90
0.60	28
0.45	7

（4）混凝土刚终凝，表面还湿湿的，不着急浇水养护。

众所周知，混凝土的早期开裂是水泥和混凝土技术的进步和发展所带来的新问题，而自收缩与温度收缩又是高性能混凝土、高强混凝土及高早强混凝土等早期开裂的主要原因。

混凝土自收缩的大小取决于水泥石内部自干燥程度、水泥石弹性模量及徐变系数。混凝土浇筑后的早期，特别是初凝后的前24h，其弹性模量低、徐变系数大，因此，自干燥程度成为决定自收缩的主要因素。混凝土初凝时对其表面进行湿养护可使养护水与混凝土中的毛细管孔内的水分连为一体，以供给混凝土内部胶凝材料使之水化。胶凝材料的进一步水化，又促使毛细孔细化，当毛细孔壁的阻力超过水的表面张力而不能继续向混凝土内部迁移时，这种水分的补给才停止。由此可见，早期浇水养护的补水作用可很好地抑制混凝土的早期收缩。

如果把混凝土的早高强认作为其早期开裂的内因，那么，其浇水养护滞后于表面水快速蒸发后的外部补水及补水中断，是混凝土引起早期开裂的外因。因此，很有必要将混凝土开始浇水养护的时间大大提前，使混凝土表面的向外蒸发水得以及时补给，做到"尽早及时"浇水养护。具体一点讲，就是在混凝土浇筑完毕，其初凝开始，就以浇水养护不致人为冲坏混凝土表面为限，"尽早及时"，这里要特别强调"尽早"二字，以保证混凝土早期及时具备充足的补水条件，以免发生混凝土塑性收缩、自收缩和干缩的共同作用。

　　（5）混凝土的浇水养护最好是大水猛浇，这样补水才能充分彻底。

　　《混凝土结构工程施工规范》GB 50666-2011规定：洒水养护宜在混凝土裸露表面覆盖麻袋或草袋、草帘后进行，当然也可采用直接洒水、蓄水等养护方式；混凝土浇筑成形后的覆盖，一是防止养护水的急剧蒸发，以利节约用水；二是为了防止降温阶段水泥水化热的急剧散失，以保证混凝土断面上具有合适的温度梯度。有的施工单位为了节省覆盖材料，对混凝土不加覆盖并用大压力水猛浇，这样做不但浪费水，而且极易冲坏混凝土表面，更主要的是压力水流过混凝土表面，将其热量迅速带走，导致混凝土表面温度骤降，如果正遇混凝土水化热高峰期，养护水如果与混凝土表面温差又较大，可能因混凝土温度骤降，而使其内外温差及混凝土表面与环境温差过大而产生"热震"，致使混凝土表面开裂。同时，要切记养护浇水不可时断时续，中断多次反复"热震"，则有加剧混凝土开裂的可能。适宜的浇水养护方法应是小水漫洒。

　　（6）为了加速混凝土的硬化，养护阶段只保温而不进行冷却降温处理。

　　混凝土的初始浇筑温度是混凝土最高温度的重要组成部分，对于处于塑性状态的混凝土进行冷却降温处理，则在降低最高温度的同时，也相应降低了混凝土的致裂温度。因此，对处于塑性状态的混凝土进行冷却降温处理是一种有效地防止混凝土开裂的方法之一。

　　从混凝土开始硬化产生拉应力至达到最高温度止，虽然在此阶段对混凝土继续进行冷却处理，一般不致于改变整个混凝土断面上的受拉状态，但向混凝土表面浇以低于环境温度过大的冷却水，使混凝土温度骤降，会增加混凝土断面上的温度梯度，可能引起混凝土"热震"。虽然在此阶段对混凝土冷却处理，也会降低最高温度和致裂温度，但为了防止混凝土内外温差骤升引起表面开裂，这一阶段的冷却处理及浇水养护一定要小心谨慎。在混凝土内部产生拉应力之前，应及时进行冷却处理。

　　（7）保温覆盖从浇水覆盖时就开始，不知何时开始才对。

　　综述以上几个问题可知，在混凝土达到水泥水化最高温度之前应处于散热阶段，以求获得较低的最高温度和致裂温度。如果把保温提前到从浇水养护覆盖开始，适得其反，反而增加了混凝土的最高温度和致裂温度，正确的保温时间应从混凝土降温开始，不宜提前。

　　在混凝土降温阶段实施对其保温，其目的之一，是减少混凝土内部热量的散失，以减小断面上的温度梯度。目的之二，是由于延缓了混凝土的散热时间，使之能够有效地充分发挥其强度增长的潜力，并使混凝土的松弛和徐变得以充分显现，其内部拉应力得以相应减小。与此同时，因混凝土龄期的增长，混凝土的抗拉性能要比其抗压性能提高得快，也可防止和减少混凝土的开裂。

　　混凝土表层的温度梯度是制约混凝土表面裂缝产生的重要原因之一。大气环境温度的升降，影响混凝土内部断面上的温度梯度，而其温度变化的陡缓，也必然影响混凝土表面与大气环境温度之间温度变化的陡缓，保温材料的有效覆盖，能减小混凝土断面上的温度梯度。

工程实践证明，温度变化是混凝土结构的一个重要而又非常复杂的荷载，温度梯度的陡缓可以看作是对混凝土"加荷"的快慢，并对混凝土物理力学性能产生重要影响。气温骤降可看作对混凝土的快速加荷，可导致混凝土的拉应力和弹性模量的增加，而使混凝土的极限拉伸减小，抗裂性能减弱，反之，气温缓降可看作是对混凝土的慢速加荷，可导致混凝土拉应力和弹性模量比快速加荷有所减少，而混凝土的极限拉伸有所增加。同时，气温的骤降还可导致内外约束度的增加，不论是以外约束为主的结构，还是以内约束为主的结构，通过外部保温和内部缓降都可避免和减少混凝土的开裂。

综上所述，不论环境温度的高低，也就是说，不论春夏秋冬的外界气温是高还是低，混凝土的保温养护，不仅提高了混凝土的表面温度，还能使混凝土内部的温度得以缓降，并减小了内外温差和混凝土表面与大气环境的温差，为此，这种"外保温内缓降"的养护方法得以能够防止和减少混凝土的开裂。

（8）不根据混凝土所处具体实际情况，生搬硬套规范规定。

为防止混凝土早期裂缝的产生，人们通常以控制混凝土的最高温度、内外温差及表面与环境温差、升温速率和降温速率等技术指标来实现的，其中混凝土的内外温差一般认为不宜大于25℃；表面与环境大气温差不应大于20℃。但实际工程中，应用此前的规范规定有些出入，有的认为二者都不应大于25℃；有的认为不应大于30℃；有的认为应大于15℃；还有的着重指出，表面淋水及拆模引起的瞬时温差不宜超过15℃。工程实践证明，有的工程混凝土内外温差大于25℃，但结构并未开裂；而有的工程内外温差小于20℃，但混凝土开裂了。

与此同时，每天降温速率的控制指标也表现得不尽相同，有的认为每天降温不应大于3℃，有的认为不应大于2℃，甚至还有的认为不应大于1.5℃。

上述技术数据之间差异的出现，其实是非常正常的，尽管有的数据是规范规定的，也不能就此对规范提出疑义。由于混凝土材料组成的随机性、多样性、多相性以及混凝土的非均质性、施工质量的差异，所以技术数据出现某些不同不足为怪，这就要求现场技术人员要根据工程实际情况，综合考虑温度控制，不可生搬硬套某些规范条文。

5.4.4　大体积混凝土施工应采取混凝土内外温差控制措施。

 延伸阅读与深度理解

1）对大体积混凝土施工时的温度控制是防止大体积混凝土施工开裂的重要措施。大量研究和实际工程经验表明，施工阶段控制混凝土内外温差是大体积混凝土裂缝控制的关键。采取合理措施，并控制好大体积混凝土内外温差，即可有效地控制混凝土收缩裂缝的发生。

2）何为大体积混凝土：混凝土结构物实体最小尺寸不小于1m的大体量混凝土，或预计会因混凝土中胶凝材料水化引起的温度变化和收缩而导致有害裂缝产生的混凝土。

3）大体积混凝土施工温控指标应符合下列规定：

（1）混凝土浇筑体在入模温度基础上的温升值不宜大于 50℃。

（2）混凝土浇筑体里表温差（不含混凝土收缩当量温度）不宜大于 25℃。

（3）混凝土浇筑体降温速率不宜大于 2.0℃/d。

（4）拆除保温覆盖时，混凝土浇筑体表面与大气温差不应大于 20℃。

4）大体积混凝土施工前，需了解掌握气候变化情况，并尽量避开特殊气候的影响。如大雨、大雪等天气，若无良好的防雨、雪措施，将影响混凝土的施工质量。高温天气如不采取遮阳降温措施，骨料的高温会直接影响混凝土拌合物的出机温度和入模温度。而在寒冷季节施工，会增加大体积混凝土保温保湿养护措施的费用，并给温控带来困难。所以，应与当地气象台、站联系，掌握近期的气象情况，避开恶劣气候的影响十分重要。

5）其他相关要求见《大体积混凝土施工标准》GB 50496-2018 相关要求。

5.5　装配式结构工程

5.5.1　预制构件连接应符合设计要求，并应符合下列规定：

1　套筒灌浆连接接头应进行工艺检验和现场平行加工试件性能检验；灌浆应饱满密实。

2　浆锚搭接连接的钢筋搭接长度应符合设计要求，灌浆应饱满密实。

3　螺栓连接应进行工艺检验和安装质量检验。

4　钢筋机械连接应制作平行加工试件，并进行性能检验。

 延伸阅读与深度理解

1）预制构件之间的连接是装配式混凝土结构的关键，本条规定了常用装配式混凝土结构中预制构件钢筋连接接头的关键技术和管理要求。

2）钢筋套筒灌浆连接：在金属套筒两端中分别插入单根带肋钢筋并注入灌浆料拌合物，通过拌合物硬化形成整体并实现传力的钢筋对接连接，简称套筒灌浆连接。

3）套筒灌浆技术的定义为：钢筋套筒灌浆连接技术是指带肋钢筋插入内腔为凹凸表面的灌浆套筒，通过向套筒与钢筋的间隙灌注专用高强水泥基灌浆料，灌浆料凝固后将钢筋锚固在套筒内实现针对预制构件的一种钢筋连接技术，如图 2-5-12 所示。

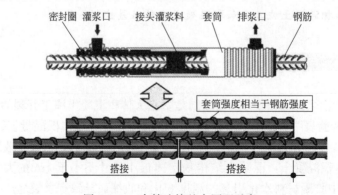

图 2-5-12　套筒连接基本原理示意

4）预制构件采用套筒连接或螺栓连接时，其连接质量与施工条件及施工操作人员的操作直接相关。因此，有必要在预制构件连接施工之前进行施工工艺检验，由实际施工操作人员模拟现场施工条件进行预制构件连接试验，检验预制构件连接质量。

5）钢筋套筒灌浆连接、机械连接均无法实施试件检验，所以规定应采用与钢筋连接的实际施工环境相似且在工程结构附近制作的平行加工试件进行连接接头性能试验。

6）钢筋浆锚搭接连接是将预制构件的受力钢筋在预留孔洞内进行间接搭接的技术，因此应保证连接钢筋搭接长度和灌浆饱满。

7）钢筋机械连接装配式混凝土结构中，预制混凝土构件纵向受力钢筋可采用套筒挤压连接、套筒挤压搭接连接和锥套锁紧连接；套筒挤压搭接连接宜用于预制剪力墙竖向分布钢筋连接和预制双向楼板水平钢筋连接。

8）所有的连接应保证钢筋拉断接头不断（图 2-5-13），保证了这一点，也就保证了钢筋连接接头方面的大部分质量问题可以被避免。

图 2-5-13　套筒连接破坏示意图

5.5.2　预制叠合构件的接合面、预制构件连接节点的接合面，应按设计要求做好界面处理并清理干净，后浇混凝土应饱满、密实。

　延伸阅读与深度理解

1）本条规定了预制叠合构件的接合面、预制构件连接节点的接合面的界面处理要求，并提出现浇混凝土浇筑质量的验收要求。

2）预制叠合构件的接合面、预制构件连接节点的接合面，除应有良好粘结，并共同工作的重要前提。

3）现浇部分混凝土的密实性是该类结构质量和安全性的关键要素。

4）预制构件与后浇混凝土、灌浆料、坐浆材料的结合面应设置粗糙面、键槽，并应符合下列规定：

（1）预制板与后浇混凝土叠合层之间的结合面应设置粗糙面。

（2）预制梁与后浇混凝土叠合层之间的结合面应设置粗糙面；预制梁端面应设置键槽且宜设置粗糙面。

（3）预制剪力墙的顶部和底部与后浇混凝土的结合面应设置粗糙面；侧面与后浇混凝土结合面应设置粗糙面，也可设置键槽；键槽深度 t 不宜小于 20mm，宽度 w 不宜小于深度的 3 倍且不宜大于深度的 10 倍，键槽间距宜等于键槽宽度，键槽端部斜面倾角不宜大于 30°。

（4）预制柱的底部应设置键槽且宜设置粗糙面，键槽应均匀布置，键槽深度不宜小于30mm，键槽端部斜面倾角不宜大于30°。柱顶应设置粗糙面。

（5）粗糙面的面积不宜小于结合面的80%，预制板的粗糙面凹凸深度不应小于4mm，预制梁端、预制柱端、预制墙端的粗糙面凹凸深度不应小于6mm。

第6章 维护及拆除

6.1 一般规定

6.1.1 混凝土结构应根据结构类型、安全性等级及使用环境，建立全寿命周期内的结构使用、维护管理制度。

 延伸阅读与深度理解

目前，国家对于建设工程全生命周期的维护要求及管理重视还不够，笔者认为这也是造成我国建筑工程平均寿命低于某些发达国家的主要原因之一。本次通用规范将维护及拆除均列入，说明我们已经充分认识到其重要性。

1）结构类型系指房屋建筑、铁路、公路、港口、水利水电等工程，安全性等级系指现行国家标准《工程结构通用规范》GB 55001 中规定的安全性等级，使用环境主要针对这些建筑及构筑物所处的环境。

2）建（构）筑物维护主要目的是保证建（构）筑物及附属设施的安全，保障结构在设计工作年限内正常使用。维护管理制度应明确检查、维护的内容、范围和执行计划。维护从本质上来说是维持既有建筑的基本功能，保证其使用年限的活动。

3）工程结构在设计、施工完成交付使用后，这些建（构）筑物即为既有建筑，在设计工作年限之内，难免遇到各种自然灾害袭击等偶然情况，结构安全性主要与日常维护是否及时得当、使用是否规范、是否存在超载和私自拆改、维修是否及时妥当等因素有重要关系。因此，建（构）筑物在全生命周期必须加强维护与监管。

4）不同类型结构、不同安全等级及环境条件的结构，其维护检查及管理制度也应不同，应具有针对性。

5）维护应以预防为主，尽早发现问题，主要技术手段包括日常维护、检测、鉴定与监测技术；发现安全隐患应及时采取有效措施进行处理，以保障结构安全使用。

6）日常维护检查可以发现未按使用说明书的违规行为，并及时整改；评估为存在安全隐患的结构应进行检测与鉴定。

7）房屋所有权人或使用人应当根据结构的类型、设计工作年限和已使用时间等情况，按照本规范规定，定期委托鉴定机构进行安全评估。

8）全寿命周期严禁下列影响结构使用安全的行为：

（1）未经技术鉴定或设计许可，擅自改变结构用途和使用环境；

（2）损坏或者擅自变动结构承重结构体系及抗震设施；

（3）擅自增加结构使用荷载；

（4）损坏或挖掘主体结构的地基基础；

（5）违法存放爆炸性、毒害性、放射性、腐蚀性等危险物品；

（6）结构改造与施工影响毗邻结构使用安全而未采取有效措施。

9）评估系指对结构性能状态进行检查、检测与分析，以判定结构运行的状态。

如：北京市房屋安全管理规定中定期检测内容如下：

（1）学校、幼儿园、医院、体育场馆、商场、图书馆、公共娱乐场所、宾馆、饭店以及客运车站候车厅、机场候机厅等人员密集的公共建筑，应每5年进行一次；

（2）使用满30年的混凝土结构应进行首次安全评估，以后应每10年进行一次；

（3）达到设计工作年限仍继续使用的，应每2年进行一次；

（4）建在河渠、山坡、软基、采空区等危险地段的混凝土结构，应每5年进行一次。

10）笔者认为，如果建（构）筑物都能够依据相关要求进行正常的维护检查，完全可以避免一些突然垮塌的工程事故发生。

11）具体维护要求见《既有建筑维护与改造通用规范》GB 55022-2021的相关要求。

6.1.2　应对重要混凝土结构建立维护数据库和信息化管理平台。

 延伸阅读与深度理解

1）重要混凝土结构系指甲类、乙类建筑（这里是指建筑分类），以及特别重要的特大桥梁等结构。特别重要的特大桥系指安全等级为一级的特大桥和有特殊要求的桥涵结构，具体划分应根据工程结构的破坏后果，即危及人的生命、造成经济损失、对社会或环境产生影响等的严重程度确定。

2）信息化建设是实现结构全寿命周期管理的重要手段，信息涵盖设计、施工、维护及拆除整个寿命周期，内容包含结构安全、改造加固、定期检查与维护、监测、预警与处置等。

这些信息为今后改变功能，改造加固可以提高非常重要的信息。如果缺少这些相关信息，则就会为今后改造加固增加非常大的难度。

3）混凝土结构应结合BIM系统或监测系统，建立重要混凝土结构的数据库和管理平台，便于管理部门掌握结构安全动态，及时应对和解决结构突发安全问题。

4）结构维护数据库应包含结构勘察设计信息、结构主要性能参数、定期检测报告、监测报告、维修改造等情况和维护管理相关信息。对于学校、幼儿园、医院、宾馆、酒店、饭店、商业、体育及会场（馆）等人员密集场所，数据库尚应包含安全检查记录。

6.1.3　混凝土结构工程拆除应进行方案设计，并应采取保证拆除过程安全的措施；预应力混凝土结构拆除尚应分析预应力解除程序。

 延伸阅读与深度理解

混凝土结构拆除作业具有高风险性，并会影响环境。为了保障拆除作业的安全性，本条规定了拆除需要进行方案设计并采取保障安全的措施。

6.1.4 混凝土结构拆除应遵循减量化、资源化和再生利用的原则，并应制定废弃物处置方案。

 延伸阅读与深度理解

本条是对拆除工作从生态环境安全、绿色节材角度对结构拆除作业提出的原则性要求。

6.2　结构维护

6.2.1 混凝土结构日常维护应检查结构外观与荷载变化情况。结构构件外观应重点检查裂缝、挠度、冻融、腐蚀、钢筋锈蚀、保护层脱落、渗漏水、不均匀沉降以及人为开洞、破损等损伤。预应力混凝土构件应重点检查是否有裂缝、锚固端是否松动。对于沿海或酸性环境中的混凝土结构，应检查混凝土表面的中性化和腐蚀状况。

 延伸阅读与深度理解

1）日常维护检查，包含对主体外观、损伤、超载使用情况、危险品堆放及异常开洞、拆改等人为损伤等情况。

2）巡视检查内容，包含主体结构外观、损伤、超载使用情况、危险品堆放及异常等情况；评估应根据巡视检查结果判断是否需要进一步检测或修缮。

3）梁、板、柱等结构构件和阳台、雨罩、空调外机支撑构件等外墙构件及地下室工程，使用中应注意维护；悬挑阳台、外窗、玻璃幕墙、外墙贴面砖（石）或抹灰、屋檐等，应注意维护，发现裂缝或其他损伤应及时进行评估与检测。

4）对于预应力结构构件，使用中发现存在裂缝，应及时进行检测与评估。悬挑混凝土构件根部发现裂缝时，应及时评估与检测，结合检测评估结果及时进行处理。

5）对于沿海或酸性环境中的混凝土结构，应检查混凝土表面的碱骨料反应与碳化。

6.2.2 对于严酷环境中的混凝土结构，应制定针对性维护方案。

 延伸阅读与深度理解

1）严酷环境可参考现行国家标准《混凝土规》GB 50010-2010（2015 版）中规定的环境类别为三、四类和五类环境。

2）三类环境是处于严寒和寒冷地冬季水位变动区环境、受除冰盐影响的环境、海风环境、盐渍土环境、海岸环境。可由现行国家标准《民用建筑热工设计规范》GB 50176 确定。

3）四类环境（海水环境）可由现行国家标准《港口工程混凝土结构设计规范》JTJ 267 确定。

4）五类环境（受人为或自然的侵蚀性物质影响的环境）可由现行国家标准《工业建筑防腐蚀设计标准》GB/T 50046 确定。

5）应该注意的是：规范规定的是结构的"暴露"环境类别，即混凝土表面直接接触的外界环境条件。如果已经采取了耐久性的保护措施，则可以考虑适当"降低"。比如，表面涂覆、抹灰对于干湿交替环境下的防护作用，保温层对于减缓冻融循环的有利影响，绝缘、隔离对于抵御氯盐的侵入，化学腐蚀的有利作用等。

6.2.3 满足下列条件之一时，应对结构进行检测与鉴定：

1 接近或达到设计工作年限，仍需继续使用的结构；

2 出现危及使用安全迹象的结构；

3 进行结构改造、改变使用性质、承载能力受损或增加荷载的结构；

4 遭受地震、台风、火灾、洪水、爆炸、撞击等灾害事故后出现损伤的结构；

5 受周边施工影响安全的结构；

6 日常检查评估确定应检测的结构。

 延伸阅读与深度理解

1）结构检测与鉴定的主要目的是了解结构使用状况，评估结构承载力、适用性及耐久性，是结构改造、加固的必要前期工作；结构设计时具有一定功能和使用条件，使用中任何有损结构体系、影响结构承载力或增加结构荷载的行为均需有鉴定单位的评估和许可。

2）本条"危及使用安全迹象"指非正常变形、裂缝、钢筋锈蚀等，如地基基础、墙体、柱或者其他承重构件出现明显下沉、裂缝、变形、腐蚀等状况。

3）在日常运维中，当单层或多层房屋地基出现下列迹象时，应评定为危险状态：

（1）当房屋处于自然状态时，地基沉降速率连续两个月大于 4mm/月，且短期内无收敛趋势；当房屋处于相邻地下工程施工影响时，地基沉降速率大于 2mm/d，且短期内无收敛趋势；

（2）因地基变形引起砌体结构房屋承重墙体产生单条宽度大于 10mm 的沉降裂缝，或产生最大裂缝宽度大于 5mm 的多条平行沉降裂缝，且房屋整体倾斜率大于 1%；

（3）因地基变形引起混凝土结构房屋框架梁、柱出现开裂，且房屋整体倾斜大于 1%；

（4）两层及两层以下房屋整体倾斜超过 3%，三层及三层以上房屋整体倾斜超过 2%；

（5）地基不稳定产生滑移，水平位移量大于 10mm，且仍有继续滑动迹象。

4）对于高层房屋地基基础出现下列现象之一时，应对整体建筑进行检测与鉴定：

（1）不利于房屋整体稳定性的倾斜率增速连续两个月大于 0.05%/月，且短期内无收敛趋势；

（2）上部承重结构构件及连接节点因沉降变形产生裂缝，且房屋的开裂损坏趋势仍在不断发展。

（3）房屋整体倾斜超过表 2-6-1 的规定值。

高层房屋整体倾斜限值　　　　　　　　　　　　　　　表 2-6-1

房屋高度(m)	24<H_g≤60	60<H_g≤100
倾斜率限值	0.7%	0.5%

注：H_g 为自室外地面起算的建筑物高度（m）。

5)"周边施工"主要指房屋坐落的地基土可能受邻近的工程开挖、降水、穿越施工、爆破施工、顶管施工、振动施工等产生沉降或滑移等变形对邻近建（构）筑物影响。

6)耐久性问题的特点是结构材料的性能随时间发展而劣化。对日常运维期间最初的小问题不及时处理，任其发展就会引起严重后果。设计和施工并不能一劳永逸地解决混凝土结构的耐久性问题，更重要的是使用期的维护和管理。物业管理部门和用户除不得粗暴使用服役结构以外，应做好以下事情：

(1) 物业管理部门应建立定期检查、维修的制度，并坚持执行。

(2) 对结构进行经常性的检查、维修，保持良好的状态。

(3) 结构表面的防护及可更换的构件，应按规定定期更换。

(4) 发现可见的缺陷时，应及时处理，延误时间而任其发展，会引起严重后果。

(5) 参考规范：《既有建筑维护与改造通用规范》GB 55022-2021。

6.2.4　对硬化混凝土的水泥安定性有异议时，应对水泥中游离氧化钙的潜在危害进行检测。

 延伸阅读与深度理解

1) 水泥的安定性是影响混凝土早期质量的重要因素之一，近年来各地时有混凝土工程因水泥安定性不合适导致的工程质量事故，轻者对其进行置换，严重者则推倒重来。

【工程案例】2022 年 7 月 12 日，有朋友咨询这样的问题：我们在一个工程上已浇筑混凝土中发现有"生石灰"、主体三十层，大概在二十五层的梁板柱中发现爆裂现象，如图2-6-1 所示，请问您遇到过吗？

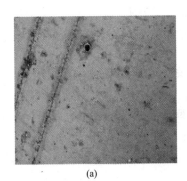 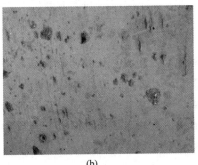

(a)　　　　　　　　　　　　　(b)

图 2-6-1　某工程混凝土表面状况

我当时就怀疑是：水泥安定性方面的问题。

这位朋友说，"是"。经过对混凝土检测发现就是游离氧化钙超标，实际就是水泥安定性问题。

2）关于水泥安定性不合格相关问题

（1）何为水泥的安定性？

水泥安定性即体积安定性，是指水泥在凝结硬化过程中体积变化的均匀性，反映水泥浆体硬化后体积的变化情况，通常理解为膨胀。如果水泥硬化后产生不均匀的体积变化，即为体积安定性不良。安定性不良会使水泥制品或混凝土构件产生膨胀性裂缝，降低建筑物质量，甚至引起严重事故。

（2）原因何在？

① 熟料中所含的游离氧化钙过多、熟料中所含的游离氧化镁过多或掺入的石膏过多。

② 熟料中所含的游离氧化钙或氧化镁都是过烧的，熟化很慢，在水泥硬化后才进行熟化，这是一个体积膨胀的化学反应，会引起不均匀的体积变化，使水泥石开裂。

③ 当石膏掺量过多时，在水泥硬化后，它还会继续与固态的水化铝酸钙反应生成高硫型水化硫铝酸钙，体积约增大 1.5 倍，也会引起水泥石开裂。

（3）造成的危害：

① 砌体部位：轻者砂浆达不到设计强度，重者砂浆几乎没有强度。随着砂浆中水分的析出干燥，砂灰变酥，用手指即可轻易扒下，墙体粘结强度远远达不到设计要求，甚至出现崩裂和损坏。

② 装饰工程：使用在内外墙裙、踢脚线、抹灰层、场地及地面工程的商品混凝土砂浆，轻者装饰层无强度、起皮、开裂、掉砂、起泡等，重者抹灰层出现大面积脱落、掉皮或因经不起风雨冲刷而在短期内毁坏。

③ 商品混凝土工程：用于商品混凝土工程的板、梁、柱及预制构件处的商品混凝土材料，浇筑后凝结缓慢、无强度，随后便在构件表面出现不规则的裂纹。尤其是位于承重部位的阳台、梁、挑檐板、雨篷等，拆除模板的同时就可能发生断裂或损坏。

（4）应对策略：

① 预防为主，一般优先从材料源头开始控制。

② 对于已经出现的质量问题处理方法目前基本采取以下三种思路：

A. 置换法，把检测不合格的混凝土置换为合格混凝土。

B. 加大截面法，在构件四周加大截面，类似组合构件。

C. 索性拆除重新浇筑，这种最彻底，但代价最大，且对环境及社会影响最大。

6.2.5 应对下列混凝土结构的结构性态与安全进行检测：

1 高度 350m 及以上的高层与高耸结构；

2 施工过程导致结构最终位形与设计目标位形存在较大差异的高层与高耸结构；

3 带有隔震体系的高层与高耸或复杂结构；

4 跨度大于 50m 的钢筋混凝土薄壳结构。

 延伸阅读与深度理解

1）大型复杂混凝土结构多为超高超限结构，应进行结构监测和预警，增加安全保障

和使用维护。监测技术应在设计阶段提出相关要求，并应明确施工期间与使用期间的监测要求及监测内容。

2）监测预警值是指为保证建设工程结构安全或质量及周边环境安全，对表征监测对象可能发生异常或危险状态的监测量所设定的警戒值。

3）结构监测应分为施工期间和使用期间的监测。

（1）施工期间监测：

① 施工期间的监测应保证施工安全，控制结构施工过程，优化施工工艺及实现结构设计要求提供技术支持。

② 施工期间监测，宜重点监测下列构件和节点：

A. 应力变化显著或应力水平较高的构件。

B. 变形显著的构件及节点。

C. 承受较大施工荷载的构件或节点。

D. 控制几何位形的关键节点。

E. 能反映结构内力及变形关键特征的其他重要受力构件或节点。

（2）使用期间监测：

① 使用期间应为结构在使用期间的安全使用性、结构设计验证、结构模型校验与修正、结构损伤识别、结构养护与维修及新方法新技术的发展与应用提供技术支持。

② 使用期间监测项目，包括变形与裂缝监测、应变监测、索力监测和环境及效应监测。变形监测包括基础沉降监测、结构竖向变形监测及结构水平变形监测；环境及效应监测包括风及风致响应监测、温（湿）度检测、地震动及地震响应监测、楼板振动、结构腐蚀等的监测。

3）参考规范：《建筑与桥梁结构监测技术规范》GB 50982-2014。

6.2.6　监测期间尚应进行巡视检查与系统维护；台风、洪水等特殊情况时，应增加监测频次。

延伸阅读与深度理解

1）巡视检查是维护期必做项目，内容应包括监测范围内的结构和构件变形、开裂、测点布设及监测设备或结合当地经验确定的其他巡视检查内容。

2）系统维护应确保监测系统运行正常，并进行系统更新。

6.2.7　混凝土结构监测应设定监测预警值，监测预警值应满足工程设计及对被监测对象的控制要求。

延伸阅读与深度理解

1）监测预警是建设工程结构实施监测的目的之一，是预防工程事故发生、确保结构及周围环境安全的重要措施。监测预警值是监测工作的实施前提，是监测期间对结构正常、异常和危险不同状态进行判断的重要依据，应分级制定，因此建设工程必须确定监测预警值。

2）使用期间的监测预警应根据结构性能、并结合长期数据积累提出与结构安全性、适应性和耐久性相应的限值要求和不同的预警值，预警值应满足国家现行相关结构设计标准的要求。

6.2.8 超过结构设计使用年限或使用期超过50年的桥梁结构应进行检测评估，且检测评估周期不应超过10年。

 延伸阅读与深度理解

1）超过结构设计工作年限（一般工程都是50年）的混凝土结构工程，应进行检测评估。实际就是检测鉴定。

2）桥梁结构设计工作年限一般不低于100年，当使用超过50年时，也应进行定期检测评估并加强维护。

3）笔者认为对于百年建筑当使用超过50年时，也应进行定期检测评估并加强维护。

6.3　结构处置

6.3.1 出现下列情况之一时，应采取消除安全隐患的措施进行处理：

1 混凝土结构或结构构件的裂缝宽度或挠度超过限值；

2 混凝土结构或构件钢筋出现锈胀；

3 预应力混凝土构件锚固端的封端混凝土出现裂缝、剥落、渗漏、穿孔、预应力锚具暴露；

4 结构混凝土中氯离子含量超标或发现有碱骨料反应迹象。

 延伸阅读与深度理解

1）混凝土开裂后会导致内部钢筋锈蚀，钢筋锈蚀会影响结构受力和耐久性，因此应对较大裂缝及钢筋锈蚀的构件及时处理。这里的具体裂缝宽度，需要结合构件所处的环境确定。

（1）《混凝土规》GB 50010-2010（2015版）第3.4.5条，给出一～三类环境类别的控制要求见表2-6-2。

结构构件的裂缝控制等级及裂缝最大宽度的限值（mm）　　　　表2-6-2

环境类别	钢筋混凝土结构		预应力混凝土结构	
	裂缝控制等级	w_{lim}	裂缝控制等级	w_{lim}
一	三级	0.30(0.40)	三级	0.20
二 a		0.20		0.10
二 b			二级	—
三 a、三 b			一级	—

（2）《工业建筑防腐蚀设计标准》GB/T 50046-2018 第 4.2.4 条给出腐蚀环境下的裂缝宽度要求，见表 2-6-3。

裂缝控制等级和最大裂缝宽度允许值（mm）　　　　　　　表 2-6-3

结构种类	强腐蚀		中腐蚀		弱腐蚀	
	裂缝控制等级	ω_{lim}	裂缝控制等级	ω_{lim}	裂缝控制等级	ω_{lim}
钢筋混凝土结构	二级	0.15mm	三级	0.20mm	三级	0.20mm
预应力混凝土结构	一级	—	一级	—	二级	—

注：裂缝控制等级的划分应符合现行国家标准《混凝土规》的规定。

2）预应力混凝土构件的锚固区受力复杂、钢筋集中，是检查和维护的重点。预应力混凝土桥梁的耐久性和可靠性在很大程度上取决于锚固区的可靠性，因此对锚固区的检查应仔细、专业。特别重视预应力构件开裂与内部预应力损失，查明原因及时处理。

3）混凝土中氯离子含量超标会导致钢筋锈蚀，影响结构安全及耐久性，应严格控制，控制标准见本规范第 3.1.8 条。

4）混凝土碱骨料反应直接影响结构安全及耐久性，混凝土使用碱活性骨料时，应符合本规范第 3.1.7 条的规定。

6.3.2　经检测鉴定，存在安全隐患的结构应采取安全治理措施进行处理。

 延伸阅读与深度理解

1）对于正常使用维护及改造工程，经检测鉴定后存在安全隐患的结构，应根据鉴定结果和建议，及时采取安全治理措施处理，避免事故发生。

2）安全治理措施包含安全防范措施、修缮维护，也应包含临时应急措施等，对于桥梁尚包含限流、停运等。

3）安全防范措施包含设置临时警示标识，根据情况采取的人员转移、防汛、防灾、限流、限载等应急抢险措施。

6.3.3　监测期间有预警的结构，应按照监测预警机制和应急预案进行处理。

 延伸阅读与深度理解

1）结构监测的主要目的是预警结构危险情况，及时采取措施，避免大的人身安全、财产损失。因此，当发出预警时，应及时采取措施，启动应急预案进行处理。

2）参考规范：《建筑与桥梁结构监测技术规范》GB 50982-2014。

6.3.4　遭受地震、洪水、台风、火灾、爆炸、撞击等自然灾害或者突发事件后，结构存在重大险情时，应立即采取安全治理措施。

延伸阅读与深度理解

1）突发事件后，各级行政主管部门应立即组织结构检查，发现问题立即处理。

2）结构应急抢险应按照国家应对突发事件的有关规定执行。安全防范措施包含设置警示标志，根据情况采取人员转移、防汛、防灾、限流限载等应急抢险措施。

3）对危险房屋的修缮工程，相关行政部门应当及时办理审批手续；需要紧急抢修的，可以先行抢修。各级房屋行政主管部门收到通知后，应向房屋使用安全责任人发出危险房屋督促解危通知书，提出对危险房屋的处理意见和解危期限，同时抄送市场监管、安全监管等部门。

4）危险房屋危及公共安全的，应及时报告当地人民政府。房屋行政主管部门和人民政府、街道办事处应当配合做好危险房屋解危的督促及协调工作。

6.4　拆除

6.4.1　拆除工程的结构分析应符合下列规定：

1　应按短暂设计状况进行结构分析；

2　应考虑拆除过程可能出现的最不利情况；

3　分析应涵盖拆除全过程，应考虑构件约束条件的改变。

 延伸阅读与深度理解

1）本条明确要求拆除应进行结构分析，拆除过程结构体系在变化、荷载有变化、支撑约束条件有变化、施工机械有影响，应做好专门结构分析、模拟。

2）混凝土结构建筑工程一般包含单层排架结构、单层门架结构、多层板柱结构、多层框架结构、高层框架结构、高层剪力墙结构、高层框架剪力墙（筒体）结构房屋；梁式、板式、刚构、拱式结构城市桥梁；烟囱、塔楗、仓池等特种结构构筑物。其工程特点具有跨度大、高度高、形状复杂、结构安全性能储备冗余度多，不同于一般砖混结构、轻钢结构。

3）按照《建设工程安全生产管理条例》第十一条，拆除工程应当备案。而混凝土结构工程由于是正规设计、设计寿命长、结构影响大、工程特点多，拆除作业应该要得到政府管理部门的批准。

4）按照《建设工程安全生产管理条例》第二十六条，混凝土结构工程都属于达到一定规模的危险性较大的分部分项工程，专项拆除施工方案应该有结构设计人员进行评审，涉及公共场所的工程应制定安全专项方案，并组织专家论证。

6.4.2　拆除作业应符合下列规定：

1　应对周边建筑物、构筑物及地下设施采取保护、防护措施；

2　对危险物质、有害物质应有处置方案和应急措施；

3 拆除过程严禁立体交叉作业；

4 在封闭空间拆除施工时，应有通风和对外沟通的措施；

5 拆除施工时发现不明物体和气体时应立即停止施工，并应采取临时防护措施。

 延伸阅读与深度理解

1）该条摘选《建筑拆除工程安全技术规范》JGJ 147-2016 第 3 章中有关作业安全与环境保护条文内容。

2）封闭空间是指封闭或部分封闭，自然通风不良，易造成有毒有害、易燃易爆物质积聚或氧含量不足的空间。

3）当采用人工拆除时，水平构件上严禁人员聚集或集中堆放物料，作业人员应在稳定的结构或脚手架上操作。

4）当人工拆除建筑墙体时，严禁采用底部掏掘或推倒的方法。

6.4.3 拆除作业应采取减少噪声、粉尘、污水、振动、冲击和环境污染的措施。

 延伸阅读与深度理解

1）混凝土结构由于结构整体性好、材料强度高，应优先采用机械拆除，也可采用爆破拆除，不宜采用人工拆除。爆破拆除环境影响大，应按专门规范操作。

2）混凝土结构是按逐层、逐跨、逐段建造施工的，拆除时按反向次序可以最大限度利用原结构特点，减少不必要的临时支撑和加固措施。如果有其他顺序，经过专门论证也可使用。

3）按照《建设工程安全生产管理条例》第三十条，应采取措施减少环境影响。

6.4.4 机械拆除作业应根据建筑物、构筑物的高度选择拆除机械，严禁超越机械有效作业高度进行作业。拆除机械在楼盖上作业时，应由专业技术人员进行复核分析，并采取保证拆除作业安全的措施。混凝土结构工程采用逆向拆除技术时，应对拆除方案进行专门论证。

 延伸阅读与深度理解

1）混凝土结构拆除工作无论采取什么方法，都会涉及拆除工具和机械，因此本条对拆除机械选择作出规定。

2）当采用机械拆除时，如果利用结构楼板作为支撑部位，则应分析支撑结构的安全性并采取保证结构拆除安全的措施。

3）当采用机械拆除时，应从上至下逐层分段进行；应先拆除非承重结构，再拆除承重结构。如：框架结构应按楼板、次梁、主梁、柱子的顺序进行拆除。

4）对于只进行部分拆除的建筑，应考虑先保留部分加固，再进行分离拆除。

5）如果需要逆向拆除，必须对方案进行论证。

6）常见建筑拆除如图2-6-2所示。

图 2-6-2　常见建筑拆除示意图

6.4.5 混凝土结构采用静态破碎拆除时，应分析确定破碎剂注入孔的尺寸并合理布置孔的位置。

 延伸阅读与深度理解

1）混凝土结构采用静态破碎拆除时，灌注药剂的孔形及孔的布置要保证孔内灌入静态剂后实现孔间及孔至构件边缘胀裂裂缝的连通，显然这需要由具有相应资质的专业队伍完成。

2）静力破碎拆除指利用静力破碎剂水化反应的膨胀力，将拟拆除物胀裂、破碎、清除的作业。

6.4.6 混凝土结构采用爆破拆除时，应合理布置爆破点位置及施药量，并应采取保证周边环境安全的措施。

 延伸阅读与深度理解

1）爆破拆除指使用民用爆炸物品，将拟拆除物体破碎、清除的作业。

2）爆破拆除作业的分级和爆破器材的购买、运输、储存及爆破作业应按现行国家标准《爆破安全规程》GB 6722执行。

　　3）爆破拆除设计前，应对爆破对象进行勘测，对爆破区影响范围内的地上、地下建筑物、构筑物、管线等进行核实确认。

　　4）爆破拆除的预拆除施工，不得影响建筑结构的安全和稳定。预拆除作业应在装药前全部完成，严禁预拆除与装药交叉作业。

　　5）对于高大建筑物、构筑物的爆破拆除设计，应控制倒塌的触落地振动及爆破后坐、滚动、触地飞涨、前冲等危害，并应采取相应的安全技术措施。

　　6）爆破拆除应设置安全警戒，安全警戒的范围符合设计要求。爆破后应对盲炮、爆堆、爆破拆除效果以及对周围环境的影响等进行检查，发行问题应及时处理。

　　7）整体爆破拆除工程图片如图 2-6-3 所示。

(a)　　　　　　　　　　　　　　　(b)

图 2-6-3　工程整体定向爆破图

6.4.7　拆除物的处置应符合下列规定：

1　对可重复利用构件，应考虑其使用寿命和维护方法；

2　对切割的块体，应进行重复利用或再生利用；

3　对破碎的混凝土，应拟定再生利用计划；

4　对拆除的钢筋，应回收再生利用；

5　对多种材料的混合拆除物，应在取得建筑垃圾排放许可后再行处置。

 延伸阅读与深度理解

　　混凝土结构及其拆除部件、块体、破碎物具有良好的材料强度和性能，应重新利用、再生利用，本条分别对不同拆除物明确回收利用方法，以减少资源消耗，同时减少建筑垃圾排放。

参考文献

[1] 住房和城乡建设部强制性条文协调委员会. 建筑结构设计分册 [M]. 北京：中国建筑工业出版社，2015.

[2] 魏利金. 建筑结构设计常遇问题及对策 [M]. 北京：中国电力出版社，2009.

[3] 魏利金. 建筑结构施工图审查常遇问题及对策 [M]. 北京：中国电力出版社，2011.

[4] 魏利金. 建筑结构设计规范疑难热点问题及对策 [M]. 北京：中国电力出版社，2015.

[5] 魏利金. 建筑工程设计文件编制深度规定（2016 版）范例解读 [M]. 北京：中国建筑工业出版社，2018.

[6] 魏利金. 结构工程师综合能力提升与工程案例分析 [M]. 北京：中国电力出版社，2021.

[7] 段尔焕，魏利金，等. 现代建筑结构技术新进展 [M]. 昆明：原子能出版社，2004.

[8] 魏利金.《工程结构通用规范》GB 55001-2021 应用解读及工程案例分析 [M]. 北京：中国建筑工业出版社，2022.

[9] 魏利金.《建筑与市政工程抗震通用规范》GB 55002-2021 应用解读及工程案例分析 [M]. 北京：中国建筑工业出版社，2022.

[10] 魏利金. 多层住宅钢筋混凝土剪力墙结构设计问题的探讨 [J]. 工程建设与设计，2006（1）：24-26.

[11] 魏利金. 试论结构设计新规范与 PKPM 软件的合理应用问题 [J]. 工业建筑，2006（5）：50-55.

[12] 魏利金. 三管钢烟囱设计 [J]. 钢结构，2002（6）：59-62.

[13] 魏利金. 高层钢结构在工业厂房中的应用 [J]. 钢结构，2000（3）：17-20.

[14] 魏利金. 钢筋混凝土折线型梁强度和变形设计探讨 [J]. 建筑结构，2000（9）：47-49.

[15] 魏利金. 大型工业厂房斜腹杆双肢柱设计中几个问题的探讨 [J]. 工业建筑，2001（7）：15-17.

[16] 魏利金. 试论现浇钢筋混凝空心板在高层建筑中的设计 [J]. 工程建设与设计，2005（3）：32-34.

[17] 魏利金. 多层钢筋混凝土剪力墙结构设计中若干问题的探讨 [J]. 工程建设与设计，2006（1）：18-22.

[18] 李峰，魏利金，李超. 论述中美风荷载的换算关系 [J]. 工业建筑，2009（9）：114-116.

[19] 魏利金，郑红花，史炎升. 高烈度区某超限复杂高层建筑结构设计与研究 [J]. 建筑结构，2012（42）增刊：59-67.

[20] 魏利金. 宁夏万豪酒店超限高层动力弹塑性时程分析 [J]. 建筑结构，2012（42）增刊：86-89.

[21] 魏利金. 复杂超限高位大跨连体结构设计 [J]. 建筑结构，2013（1）下：12-16.

[22] 魏利金，郑红花，史炎升，等. 宁夏万豪大厦复杂超限高层建筑结构设计与研究 [J]. 建筑结构，2013（43）增刊：6-14.

[23] 魏利金. 套筒式多管烟囱结构设计 [J]. 工程建设与设计，2007（8）：22-26.

[24] 魏利金. 试论三管钢烟囱加固设计 [J]. 建筑结构，2007（37）增刊：104-106.

[25] 魏利金.《建筑与市政地基基础通用规范》GB 55003-2021 应用解法及工程案例分析 [M]. 北京：中国建筑工业出版社，2022.